TRAITÉ

ÉLÉMENTAIRE

D'ARITHMÉTIQUE.

TRAITÉ ÉLÉMENTAIRE D'ARITHMÉTIQUE,

A L'USAGE

DE L'ÉCOLE CENTRALE

DES QUATRE-NATIONS.

QUATRIÈME ÉDITION,

REVUE ET CORRIGEE.

PAR S. F. LACROIX.

A PARIS,

Chez COURCIER, Imprimeur–Libraire pour les Mathématiques, quai des Augustins.

AN XII = 1804.

AVIS.

Tout Exemplaire qui ne porterait pas comme ci-dessous la signature de l'Auteur, sera contrefait. Les mesures nécessaires seront prises pour atteindre, conformément à la loi, les fabricateurs et les débitans de ces Exemplaires.

AVERTISSEMENT.

Ce Traité d'Arithmétique diffère peu, quant au fond, de celui qui a paru la première fois en l'an 5, à la tête de la cinquième édition de l'Algèbre de Clairaut. La commodité des élèves qui suivaient mon cours exigeant qu'ils eussent entre les mains le texte de mes leçons, je n'en pus différer la publication ; et mes occupations ne me permettant pas alors de les rédiger en entier, je remis le plan et quelques notes sur les points les plus importans, à une personne qui voulut bien se charger de les développer sous mes yeux. Je revis les épreuves ; je m'appliquai dans les éditions suivantes à perfectionner les détails : et enfin, pour donner à l'ouvrage un style uniforme, j'ai refait dans cette édition, toutes les rédactions qui n'étaient pas de moi.

J'ai tâché dans ce Traité de réunir la clarté à la concision, et surtout d'éviter cette forme dogmatique qui fait presque toujours tomber comme des nues, des idées nouvelles, que les commençans ne parviennent cependant à comprendre que lorsqu'ils les ont rapprochées de celles qu'ils ont déjà acquises dans le commerce ordinaire de la vie; car l'enchaînement le plus méthodique est sans doute celui dans lequel les idées naissent successivement les unes des autres, ou sont amenées par le besoin et la force des choses.

Je n'ai pas non plus négligé l'exactitude du raisonnement; et on trouvera dans cette Arithmétique la démonstration de plusieurs choses qu'on regarde assez ordinairement comme évidentes par elles-mêmes. Les décimales n'ont été traitées qu'après les fractions ordinaires, car elles n'ont été inventées que pour obvier aux inconvéniens que présentait sans cesse l'usage de ces fractions et des nombres complexes. L'exposition des nouvelles mesures se trouvait naturellement placée à la suite du calcul décimal; et j'ai mis à la fin de l'ouvrage des tables calculées dans les bureaux du Cadastre, par le citoyen

Haros, au moyen desquelles on pourra convertir les anciennes mesures en nouvelles, et réciproquement.

L'Arithmétique proprement dite ne comprend que la pratique des quatre premières règles, l'addition, la soustraction, la multiplication et la division, sur les nombres soit entiers, soit fractionnaires. Le développement des exemples, d'où naît la théorie des proportions, montre que cette théorie, reste de la manière dont les Anciens considéraient les grandeurs, n'est pas nécessaire pour résoudre les questions qui s'y rapportent, et dont l'objet est toujours de *prendre une fraction ou un multiple donnés d'un nombre donné.*

En partant de ce point de vue, on rendrait cette partie de l'Arithmétique beaucoup plus analytique, et mieux d'accord avec les nouvelles méthodes qu'on emploie dans les autres parties des Mathématiques : aussi n'est-ce que par respect pour l'usage que j'ai conservé ce qui regarde les proportions. Les questions particulières qui m'y conduisent font mieux sentir, à ce qu'il semble, l'idée qu'on doit attacher à la *proportionnalité*, que la manière abstraite dont cette matière se trouve présentée dans la plupart des livres élémentaires. On ne saurait trop le répéter : ce n'est, pour ainsi dire, que par extension que nous acquérons des idées nouvelles; il faut toujours que nous les rapportions à quelques idées antérieures, à moins qu'elles ne dérivent immédiatement d'une sensation.

De nouvelles questions plus compliquées que les premières, mais ramenées à celles-ci par l'examen attentif de leur énoncé, et par le développement de ses conséquences, prouvent que la faculté de faire ce développement est la seule chose à laquelle doive s'attacher celui qui veut pénétrer dans la science du calcul, et en montrant l'inutilité de cette foule de règles dont sont surchargés les traités d'Arithmétique, préparent le lecteur à l'étude de l'Algèbre, dont il est plus en état alors d'apprécier les avantages. C'est aussi pour ces raisons que j'ai renvoyé à l'Algèbre l'extraction des racines, dont on n'a besoin que pour la résolution des équations du second degré et des degrés supérieurs , ainsi que la théorie des progressions et des logarithmes , qu'on peut alors traiter de la manière la plus générale et la plus complète.

TABLE des noms et de la valeur des Nombres en chiffres romains.

Un	I.	j
Deux	II	ij
Trois	III	iij
Quatre	IV	iv
Cinq	V	v
Six	VI	vj
Sept	VII	vij
Huit	VIII	viij
Neuf	IX	ix
Dix	X	x
Vingt	XX	xx
Trente	XXX	xxx
Quarante	XL	xl
Cinquante	L	l
Soixante	LX	lx
Soixante-dix	LXX	lxx
Quatre-vingt	LXXX	lxxx
Quatre-vingt-dix	XC	xc
Cent	C	c
Deux cents	CC	cc
Trois cents	CCC	ccc
Quatre cents	CCCC	cccc
Cinq cents	D ou IƆ	d
Six cents	DC	dc
Sept cents	DCC	dcc
Huit cents	DCCC	dccc
Neuf cents	DCCCC	dcccc
Mille	M ou CIƆ	m
Onze cents	MC	mc
Douze cents	MCC	mcc
Treize cents	MCCC	mccc
Quatorze cents	MCCCC	mcccc
Quinze cents	MD	md

(Les mots Soixante-dix, Quatre-vingt, Quatre-vingt-dix sont accolés par une accolade marquée d'un astérisque *.)

* Il serait à desirer qu'au lieu de ces dénominations irrégulières, on se servît, comme en Suisse et dans une grande partie de la France, des mots SEPTANTE, OCTANTE, NONANTE.

TABLE.

FIN DE LA TABLE.

TRAITÉ ÉLÉMENTAIRE

D'ARITHMÉTIQUE.

De la Numération.

1. LES premières idées de nombre et d'étendue
s'acquérant à un âge où l'on n'est pas encore en état de
rendre compte de ses perceptions, il serait peut-être
très-difficile, et à-coup-sûr déplacé dans un ouvrage
de la nature de celui-ci, de chercher à tracer l'his-
toire de nos connaissances sur ce sujet. Je me bornerai donc à faire observer que la *grandeur*, c'est-
à-dire, parmi les diverses circonstances que nous
présentent les objets qui tombent sous nos sens, celle
qui paraît susceptible d'être augmentée ou diminuée,
se montre en général sous deux formes différentes:

Tantôt comme une collection de plusieurs choses
pareilles ou de plusieurs parties séparées; on la désigne alors par le mot *nombre :*

Tantôt comme un seul tout sans distinction d'au-
cunes parties, ainsi que l'on conçoit la distance entre
deux points marqués par la ligne qui les joint, les
contours et les enveloppes des figures et des corps qui
affectent nos sens.

Le caractère propre à cette dernière forme de la grandeur, c'est la liaison qu'on envisage dans ses parties ou
leur *continuité*; tandis que dans le nombre on considère
seulement combien il contient de parties, circonstance à
laquelle se rapportait d'abord le mot *quantité* qu'on a ensuite appliqué à la grandeur en général, en observant

d'appeler *quantité continue* la grandeur considérée sous la forme continue, pour la distinguer du nombre qu'on nomme *quantité discrète* ou *discontinue*.

2. Tout ce qui concerne la *grandeur* est l'objet de la science appelée *Mathématique*; les nombres sont spécialement l'objet de l'*Arithmétique*.

La grandeur continue appartient à la *Géométrie*, qui s'occupe particulièrement des propriétés que présentent les formes des corps par rapport à *l'étendue*.

3. Le nombre étant la collection de plusieurs choses pareilles, ou de plusieurs parties distinctes, suppose l'existence d'une de ces choses ou de ces parties, prise pour terme de comparaison et qu'on appelle alors *unité*.

La manière la plus naturelle dont on puisse concevoir que se forment les nombres, consiste dans l'addition successive de l'unité avec elle-même. On forme par ce moyen une suite de collections successives d'unités ou des *unités de divers ordres*, qu'on exprime par des noms particuliers ; l'ensemble de ces noms qui change d'une langue à une autre compose la *numération parlée*.

4. Comme rien ne limite la grandeur à laquelle on peut porter le nombre, puisqu'il est toujours possible, quelque grand que soit un nombre, d'y joindre une unité de plus, on conçoit qu'il existe une infinité de nombres différens, et qu'il serait par conséquent impossible de les exprimer dans quelque langue que ce fût par des noms isolés ou indépendans les uns des autres.

De là sont nées les nomenclatures, dans lesquelles on a tâché de se procurer, par les combinaisons d'un petit nombre de mots assujétis à des formes régulières et par conséquent faciles à retenir, un grand nombre d'expressions distinctes.

Celles qui sont en usage dans la langue française,

se tirent, à quelques expressions près, des noms assignés aux neuf premiers nombres, et de ceux que
prennent ensuite les collections de *dix*, de *cent* et de
mille unités.

En effet, les unités se comptent par

un, deux, trois, quatre, cinq, six, sept, huit et *neuf*;

Les collections de dix unités ou *dixaines*, par

*dix, vingt, trente, quarante, cinquante, soixante,
soixante et dix, quatre-vingt, quatre-vingt-dix* (*);

Les collections de dix dixaines ou les centaines, se
comptent avec les noms affectés aux unités. On dit :
cent, deux cents, trois cents, ... neuf cents.

Les collections de dix centaines ou les mille se comptent, soit avec les noms affectés aux neuf premiers
nombres, soit par dixaines et centaines ; ainsi on dit :

mille, deux mille, ... neuf mille,

dix mille, vingt mille, etc.

cent mille, deux cent mille, etc.

Les collections de dix centaines de mille, ou de
mille fois mille, portent le nom de *million*, et se
comptent comme les mille.

Les collections de dix centaines de millions ou de
mille millions, se nomment *billions* et se comptent
comme les millions (**).

(*) Pour rendre régulière cette partie de la nomenclature, il
faudrait, comme l'a proposé Condorcet, substituer les mots *unante*
et *duante* aux mots *dix* et *vingt*, et remplacer, ainsi qu'on le fait
encore dans plusieurs parties de la France, les dénominations
composées, *soixante et dix, quatre-vingt* et *quatre-vingt-dix*, par
les mots *septante, octante* et *nonante.* Il est à-propos de remarquer que les premières sont le reste d'une ancienne manière de
compter par vingtaines, et d'après laquelle on disait *six-vingt*,
pour exprimer le nombre *cent-vingt.*

(**) Les billions se nomment *milliards*, dans les calculs de
finance.

Viennent ensuite, d'après la même loi de quatre en quatre ordres, dont chacun a ses *unités* ses *dixaines* et ses *centaines*, les *trillions, quatrillions, quintillions*, etc.

Les nombres exprimés de cette manière, lorsqu'il entre plus d'un mot dans leur énonciation, se trouvent décomposés en plusieurs des collections ou ordres d'unités désignées ci-dessus ; par exemple, le nombre exprimé par *cinq cent mille trois cent deux*, se trouve décomposé en trois parties, qui sont *cinq centaines de mille*, *trois centaines d'unités simples* et *deux de ces dernières unités*,

5. La longueur de l'expression *en toutes lettres*, des nombres, lorsqu'ils sont un peu grands, a fait imaginer des caractères, exclusivement affectés à leur représentation abrégée ; et de là est venu l'art d'écrire les nombres par ces caractères appelés *chiffres*, ou la *numération écrite*.

Celle qui est adoptée aujourd'hui, et qui nous vient des Indiens, suit une marche à-peu-près analogue à la numération parlée. D'abord, les neuf premiers nombres y sont représentés chacun par un caractère particulier, savoir :

$$1 \quad 2 \quad 3 \quad 4 \quad 5 \quad 6 \quad 7 \quad 8 \quad 9$$

Un, deux, trois, quatre, cinq, six, sept, huit, neuf.

Quand un nombre est composé de dixaines et d'unités, on en écrit successivement, de gauche à droite, les dixaines et les unités, par le caractère affecté à leur nombre. Le nombre *quarante-sept*, par exemple, s'écrit 47 : le premier chiffre à gauche, 4, marque les quatre dixaines, et a par conséquent une valeur dix fois plus grande que celle qu'il aurait, s'il était seul ; tandis que le chiffre 7, placé à droite, exprimant les sept unités, n'a que la valeur qui lui a été d'abord attachée.

On voit dans le nombre *trente-trois*, qui s'écrit 33, le chiffre 3 répété deux fois, mais avec des valeurs différentes : *le premier, vers la gauche, a une valeur dix fois plus grande que celui qui est à sa droite.*

C'est là le principe fondamental de notre numération écrite.

Si on voulait exprimer *cinquante*, ou cinq dixaines, comme il n'y a point d'unités dans ce nombre, on n'aurait à écrire que le chiffre 5, et il faudrait par conséquent désigner par une marque particulière, que dans l'expression du nombre, ce chiffre doit occuper la première place à gauche ; pour cela, on met à sa droite le caractère o, ou le *zéro*, qui n'a par lui-même aucune valeur, et qui ne sert qu'à remplir la place des collections d'unités qui manquent dans l'énonciation du nombre proposé.

6. C'est avec dix caractères seulement, et la convention établie ci-dessus, sur la valeur que les chiffres tirent du rang qu'ils occupent, qu'on parvient à exprimer tous les nombres possibles.

Avec deux chiffres seulement, on peut écrire jusqu'à neuf dixaines et neuf unités, ce qui forme 99, ou *quatre-vingt-dix-neuf*. Après ce nombre vient la centaine, qui se marque par le chiffre 1, plus avancé d'un rang vers la gauche qu'il ne le serait s'il exprimait des dixaines ; et pour cela, on met deux zéros à sa droite, ce qui fait 100.

Les unités et les dixaines qu'on ajoutera ensuite pour former les nombres supérieurs à 100 prendront la place qui leur est propre ; ainsi *cent un* s'écrira en chiffres 101, *cent onze* s'écrira 111. On voit dans ce nombre le même chiffre répété trois fois avec des valeurs différentes. Au premier rang, en commençant par la droite, il exprime une unité, au second une dixaine, au troisième une centaine. Il en est de même dans les nombres 222, 333, 444, etc. C'est ainsi que par suite de la convention établie précédemment à l'égard des dixaines et des unités, *un même chiffre exprime des unités de dix en dix fois plus grandes, à mesure qu'on l'avance de la droite vers la gauche, et devient, par un simple changement de place, susceptible de représenter successivement les diverses collections d'unités qui peuvent entrer dans l'expression d'un nombre.*

7. On écrit donc un nombre sous la dictée, ou d'après son énoncé, en plaçant successivement à côté les uns des autres, en commençant par la gauche, les chiffres qui expriment les nombres d'unités de chaque collection ; mais il faut avoir présent à l'esprit l'ordre dans lequel se succèdent ces collections, pour n'en omettre aucune, et remplir par des zéros la place de celles qui manquent dans l'énoncé du nombre à écrire. Si c'était, par exemple, *trois cent vingt-quatre mille neuf cent quatre*, on mettrait 3 pour les centaines de mille, 2 pour les vingt mille ou deux dixaines de mille, 4 pour les mille, 9 pour les centaines ; et comme immédiatement après les centaines viennent les dixaines, qui manquent dans le nombre proposé, on mettrait 0 pour en tenir lieu, puis on poserait le chiffre 4 des unités : on aurait de cette manière 324904.

De même, avec l'attention de remplir par des zéros les places des dixaines de mille, des mille et des dixaines qui manquent dans le nombre *cinq cent mille trois cent deux*, on écrira 500302.

8. Lorsqu'un nombre est écrit en chiffres, pour l'énoncer ou le traduire dans la langue ordinaire, il faut substituer à chacun des chiffres le mot qu'il représente, et, d'après la place qu'occupe ce chiffre, dé-

signer la collection à laquelle appartiennent les unités.
L'exemple suivant éclaircira ceci.

$$2\ 4,\ 8\ 9\ 7,\ 3\ 2\ 1,\ 5\ 8\ 0,\ 3\ 4\ 6$$

2	dizaines de trillions.
4	TRILLIONS.
8	centaines de billions.
9	dixaines de billions.
7	BILLIONS.
3	centaines de millions.
2	dixaines de millions.
1	MILLIONS.
5	centaines de mille.
8	dixaines de mille.
0	MILLE.
3	centaines.
4	dixaines.
6	UNITÉS.

Les chiffres de ce nombre sont partagés par des vir-
gules, en groupes ou *tranches*, de trois en trois, en commençant par la droite ; mais la dernière tranche à gauche,
qui, dans l'exemple actuel, n'a que deux chiffres,
pourra quelquefois n'en avoir qu'un seul. Chacune de
ces tranches répond aux collections désignées par les
mots *unité*, *mille*, *million*, *billion*, *trillion*, et ses
chiffres en expriment successivement les unités, les
dixaines et les centaines. *On forme par conséquent
l'expression en toutes lettres du nombre proposé, en
énonçant chaque tranche comme si elle était seule, et en
ajoutant après ses unités le nom qu'elle porte.*

Dans l'exemple ci-dessus, on lit : *vingt-quatre trillions, huit cent quatre-vingt-dix-sept billions, trois
cent vingt-un millions, cinq cent quatre-vingt mille
trois cent quarante-six unités.*

9. Les nombres peuvent se considérer de deux manières, savoir : comme nous venons de le faire, en ne
particularisant en aucune manière l'espèce de chose ou
d'unité à laquelle ils se rapportent, et alors on les appelle
nombres abstraits, ou bien en désignant l'espèce de
leurs unités, comme quand on dit deux hommes, cinq
années, trois heures, etc. et ce sont alors des *nombres
concrets*.

Il est évident que la formation des nombres, par l'addition successive des unités, ne tient point à la nature de ces unités, et qu'il en est de même de toutes les propriétés qui résultent de cette formation, d'après lesquelles on parvient à composer et décomposer les nombres les uns par les autres, ce qu'on appelle *calculer*. Je vais donc exposer les principales règles du calcul des nombres , sans avoir égard à la nature de leurs unités.

De l'Addition.

10. Cette opération qui a pour but de réunir plusieurs nombres en un seul, n'est qu'une abréviation de la formation des nombres par l'addition successive de l'unité ; si, par exemple, à sept on voulait ajouter cinq, il faudrait, dans la suite des noms *un*, *deux*, *trois*, *quatre*, *cinq*, *six*, *sept*, *huit*, etc. , assignés aux nombres, s'élever de cinq degrés au-dessus du mot *sept*, et on parviendrait alors au mot *douze*, qui répond par conséquent à la réunion de sept unités avec cinq. C'est sur ce procédé que sont fondées toutes les additions des petits nombres, et dont les résultats sont appris de mémoire. Son application immédiate aux nombres un peu grands serait impraticable ; mais alors on les conçoit décomposés dans leurs diverses collections d'unités, pour effectuer séparément la réunion de celles qui portent le même nom. Pour ajouter, par exemple, 27 avec 32 , on réunit les 7 unités du premier nombre avec les 2 du second, ce qui en fait 9, puis les 2 dixaines du premier avec les 3 du second, ce qui fait cinq dixaines. L'ensemble de ces deux résultats forme un total de 5 dixaines et 9 unités, ou 59, qui exprime la somme des nombres proposés.

Quelque grands que soient les nombres qu'il faut ajouter ensemble, on peut leur appliquer ce qui vient d'être dit ; mais il faut observer que les sommes partielles résultantes de l'addition de deux nombres exprimés par un seul chiffre, peuvent souvent produire des dixaines ou des unités de la collection supérieure, et qui doivent par conséquent être réunies avec celles de cette collection.

Dans l'addition des nombres 49 et 78, la somme des unités 9 et 8 en produit 17, dont il faut réserver 10 ou une dixaine, pour joindre à la somme de celles des nombres proposés : on dira donc 4 et 7 font 11, et en y joignant la dixaine réservée, on aura 12 pour la totalité des dixaines contenues dans la somme de ces nombres, qui renfermera, par conséquent, 1 centaine, 2 dixaines et 7 unités, ce qui fera 127.

11. En partant de ces principes, on a imaginé de disposer les nombres à ajouter, de manière à faciliter la réunion de leurs diverses collections d'unités, et on a formé une règle que l'exemple suivant fera suffisamment connaître.

Soient les nombres 527, 2519, 9812, 73 et 8, pour les ajouter ensemble : on commence par les écrire les uns sous les autres, en plaçant les unités de même ordre dans une même colonne, puis on tire un trait pour les séparer du résultat qu'on met au-dessous.

$$
\begin{array}{r}
527 \\
2519 \\
9812 \\
73 \\
8 \\
\hline
\end{array}
$$

Somme.....12939

On fait d'abord la somme des nombres contenus dans la colonne des unités, et comme on trouve 29, on n'écrit que les 9 unités et on retient les 2 dixaines pour les joindre à celles qui sont contenues dans la colonne suivante, qui, par le moyen de cet accroissement, contient 13 unités de son ordre ; on n'écrit encore au-dessous que les 3 unités, et on retient la dixaine pour la joindre à la colonne suivante. On opère sur celle-ci comme sur la précédente, et on trouve 19 ; on n'écrit encore que les 9 unités, et on retient la dixaine pour la colonne suivante, dont la somme est alors composée de 12 unités ; on écrit les 12 unités sous cette colonne, et on place la dixaine à la gauche, ce qui revient à écrire la somme de la dernière colonne telle qu'on l'a trouvée. On a par ce moyen 12939, pour la somme des nombres proposés.

12. Le procédé qu'on vient de suivre peut s'énoncer comme il suit : *écrire les nombres à ajouter les uns sous les autres en plaçant leurs unités de même ordre dans une même colonne, souligner le dernier nombre pour le séparer du résultat ; ajouter successivement, en commençant par la droite, les nombres contenus dans chaque colonne ; si la somme ne surpasse pas 9, l'écrire telle qu'on l'a trouvée, et si elle renferme des dixaines, les retenir pour les joindre à la colonne suivante : enfin à la dernière colonne écrire la somme trouvée.*

On pourra s'exercer sur l'exemple suivant :

7861	66947	4649
345	46742	928
8023	132684	9298
——	——	——
16229	246373	14875

De la Soustraction.

13. Après avoir appris à composer un nombre par l'addition de plusieurs autres, la première question qui se présente est d'ôter un nombre d'un autre qui le surpasse, ou, ce qui revient au même, de décomposer celui-ci en deux parties, dont une soit l'autre nombre donné. Si l'on avait, par exemple, le nombre 9, et qu'on en voulût retrancher 4, il serait, par cette opération, décomposé en deux parties qui le reproduiraient par l'addition.

Pour parvenir à ôter un nombre d'un autre, lorsqu'ils ne sont pas considérables, il faut suivre une marche opposée à celle qu'on a prescrite au commencement du n° 10, pour trouver leur somme, c'est-à-dire, que dans la suite des noms assignés aux nombres, on doit, à partir du plus grand de ceux que l'on considère, descendre d'autant de degrés qu'il y a d'unités dans le plus petit, et l'on arrivera au nom appliqué à la différence cherchée ; c'est ainsi qu'en descendant de quatre degrés au-dessous du mot *neuf*, on parvient à *cinq*, nom qui exprime le nombre qu'il faut ajouter à 4 pour former 9, ou qui marque de combien 9 surpasse 4.

Sous ce dernier point de vue, 5 est *l'excès* de 9 sur 4. Si l'on ne voulait que marquer l'inégalité des nombres 9 et 4, sans fixer l'attention sur l'ordre de leurs grandeurs, on dirait que leur *différence* est 4. Enfin, si on faisait l'opération pour ôter 4 de 9, on dirait que le *reste* est 5. On voit que, quoique synonymes, les mots *reste*, *excès*, *différence*, répondent chacun à une manière particulière d'envisager la décomposition du nombre 9 dans les deux parties 4 et 5, opération qu'on désigne toujours par le nom de *soustraction*.

14. Lorsqu'il s'agit de nombres un peu grands, la soustraction s'opère par parties, en retranchant successivement des unités de chaque ordre marquées dans le plus grand des deux nombres, celles des ordres correspondans marquées dans le plus petit. Pour le faire commodément, on dispose ces nombres comme 9587 et 345 le sont ci-dessous.

$$
\begin{array}{r}
9587 \\
345 \\
\hline
\end{array}
$$

Reste..... 9242

et on place au-dessous de chaque colonne l'*excès* du nombre supérieur sur un nombre inférieur contenu dans cette colonne, en disant :

5 ôtés de 7, reste 2,
4 ôtés de 8, reste 4,
3 ôtés de 5, reste 2;

et posant ensuite le chiffre 9, duquel il n'y a rien à ôter, le reste 9242 marque de combien 9587 surpasse 345.

L'exactitude du procédé qu'on vient de suivre, est incontestable, puisqu'en ôtant du plus grand des deux nombres toutes les parties contenues dans le plus petit, on en a évidemment ôté ce plus petit.

15. L'application de ce procédé demande quelques attentions particulières, lorsque quelques-uns des ordres d'unités du nombre à retrancher en contiennent plus que les ordres correspondans de l'autre nombres.

Si l'on a, par exemple, 397 à retrancher de 524,

$$524$$
$$397$$
____

Reste   127

Dans l'opération figurée ci-dessus, on ne pourra pas ôter immédiatement les unités du nombre inférieur de celles du nombre supérieur ; mais le nombre 524, représenté ici par 4 unités, 2 dixaines et 5 centaines, peut être exprimé d'une manière différente, en décomposant quelques-unes des collections d'unités qu'il contient, pour en réunir une partie avec d'autres d'un ordre inférieur. Au lieu des 2 dixaines et 4 unités qui le terminent, on peut substituer par la pensée une dixaine et 14 unités ; retranchant alors de ces dernières les 7 unités du nombre inférieur, on écrira au-dessous le reste 7. Par cette nouvelle décomposition, le nombre supérieur ne renferme plus qu'une dixaine, dont on ne saurait par conséquent ôter les 9 du nombre inférieur ; mais sur les 5 centaines exprimées dans le nombre supérieur, on peut en prendre 1 pour la joindre avec la dixaine restante, et l'on aura alors 4 centaines et 11 dixaines ; retranchant de celles-ci celles du nombre inférieur, il en restera 2. Enfin on ôtera des 4 centaines laissées dans le nombre supérieur, les 3 du nombre inférieur ; on écrira le reste 1, et on aura 127 pour le résultat de l'opération proposée.

Cette manière d'opérer consiste, comme on voit, à *emprunter* dans l'ordre supérieur, une unité pour la joindre suivant sa valeur à celles de l'ordre sur lequel on opère, en observant ensuite de compter pour une unité de moins, le chiffre supérieur lorsqu'on y arrivera.

16. Quand il manque des ordres d'unités dans le plus grand des deux nombres, c'est-à-dire, qu'il y a des zéros entre ses chiffres significatifs, il faut s'avancer jusqu'au premier chiffre à gauche pour faire cet emprunt. En voici un exemple :

$$7002$$
$$3495$$
$$\overline{}$$

Reste.....3507

Ne pouvant ôter les 5 unités du nombre inférieur des 2 du nombre supérieur, on retire 10 unités des 7000 marqués par le chiffre 7 , il en reste alors 6990, et en joignant les 10 premières au chiffre 2, le nombre supérieur se trouve décomposé en 6990 et 12 ; retranchant de ce dernier nombre les 5 unités du nombre inférieur, on aura 7 pour les unités du reste.

Cette première opération a laissé dans le nombre supérieur 6990 unités ou 699 dixaines, au lieu de 700 qui sont exprimées par les 3 derniers chiffres à gauche, ce qui remplace par conséquent les deux zéros par des 9 , et diminue de l'unité le premier chiffre significatif à gauche. En continuant sur ce pied la soustraction dans les autres colonnes, elle ne souffre aucune difficulté, et l'on trouve le reste écrit au-dessous de l'exemple.

17. En résumant les remarques qu'on a faites dans les deux nᵒˢ précédens, la règle à suivre pour opérer la soustraction sur deux nombres quelconques, peut s'énoncer ainsi : *placer le plus petit nombre sous le plus grand, de manière que leurs unités de même ordre soient dans une même colonne, souligner le plus petit pour le séparer du résultat ; retrancher successivement dans chaque colonne, en commençant par la droite, le nombre infé-*

rieur du nombre supérieur ; si cela ne se peut, augmenter le chiffre supérieur de 10 unités, compter le premier chiffre significatif qui vient après celui-là pour 1 unité de moins, et s'il y a des zéros intermédiaires, les regarder comme des 9.

18. On peut, pour plus de facilité, lorsqu'il faudrait diminuer le chiffre supérieur d'une unité, le compter pour ce qu'il vaut, et joindre cette unité au chiffre inférieur correspondant, qui se trouvant augmenté, conduit, ainsi que cela doit être, à un reste moindre d'une unité, que celui qui résulterait des chiffres écrits. Dans le premier des exemples ci-dessous, après avoir ôté 6 unités de 14, on comptera le 8 inférieur pour un 9, et ainsi des autres.

$$
\begin{array}{ccc}
16844 & 103034 & 49812002 \\
9786 & 69845 & 18924983 \\
\hline
7058. & 33189. & 30887019.
\end{array}
$$

De la preuve de l'Addition et de la Soustraction.

19. En effectuant une opération d'après un procédé dont la légitimité est établie sur des principes sûrs, on peut encore commettre quelques erreurs dans les additions ou soustractions partielles dont on cherche le résultat dans sa mémoire ; pour prévenir cet inconvénient, on a recours à une opération inverse de la première, au moyen de laquelle on reconnaît si les résultats de celle-ci sont exacts, c'est ce qu'on appelle faire la *preuve* de l'opération proposée.

Celle de l'addition consiste à retrancher successivement de la somme des nombres ajoutés, toutes les par-

ties de ces nombres, et si l'opération a été bien faite,
on ne doit trouver aucun reste. Je vais montrer sur
l'exemple du n° 10, comment on effectue à-la-fois
toutes les soustractions.

$$
\begin{array}{r}
527 \\
2519 \\
9812 \\
73 \\
8 \\
\hline
\end{array}
$$

Somme......12939.

On ajoute d'abord les nombres contenus dans la colonne la plus à gauche, qui renferme ici des mille, et on
retranche la somme 11 du nombre 12 qui commence le
résultat. On écrit au-dessous la différence 1, produite
par la retenue faite sur la colonne des centaines dans
l'opération primitive. La somme de la colonne des centaines prise isolément, ne s'élève plus qu'à 18 ; si on
la retranche des 9 centaines écrites au résultat et jointes
au mille provenant de la colonne précédente, à gauche,
et considéré comme dix centaines, le reste 1 écrit
au-dessous, marquera encore la retenue faite sur la colonne des dixaines. La somme 11 de celle-ci retranchée
de 13, laisse pour reste 2 dixaines provenant de la retenue faite sur la colonne des unités. En joignant ces 2
dixaines avec les 9 unités marquées au résultat, on forme
le nombre 29, qui doit être précisément la somme de la
colonne des unités sur laquelle aucune autre n'a pu influer; en ajoutant donc de nouveau les nombres contenus
dans cette colonne, on doit encore, si l'opération a été
bien faite, parvenir au même résultat et n'avoir par conséquent aucun reste. C'est ce qui arrive en effet dans
l'exemple actuel, et ce que marque le o écrit sous

cette

cette colonne. Le procédé que je viens d'expliquer se résume ainsi : *pour faire la preuve de l'addition, il faut ajouter de nouveau, en commençant par la gauche, toutes les colonnes de l'opération ; retrancher la somme obtenue en dernier lieu, de celle qui est marquée au-dessous ; écrire les restes qu'on trouve et les joindre comme des dixaines à la colonne suivante à droite. Si l'opération a été bien faite, il ne doit rien rester à la dernière colonne.*

20. *La preuve de la soustraction se tire immédiatement de ce que le plus petit nombre ajouté avec le reste, compose le plus grand.* Ainsi, pour s'assurer de l'exactitude de la soustraction suivante :

$$524$$
$$297$$

$$\text{Reste} \ldots\ldots 227$$
$$524$$

on a ajouté au reste le plus petit nombre, et le résultat s'est trouvé, en effet, égal au plus grand.

De la Multiplication.

21. Lorsque les nombres à ajouter entr'eux sont égaux, l'addition prend le nom de *multiplication*, parce que la somme est alors composée de l'un de ces nombres *répété autant de fois qu'il y avait de nombres à ajouter* ; réciproquement, si l'on veut répéter un nombre plusieurs fois, on y parviendra en ajoutant ce nombre à lui-même autant de fois, moins une, qu'il doit être répété. Par exemple, par l'addition suivante :

$$16$$
$$16$$
$$16$$
$$16$$
$$\overline{64}$$

on répète le nombre 16 quatre fois, et il se trouve ajouté 3 fois à lui-même.

Répéter un nombre 2 fois, c'est le *doubler*, 3 fois, c'est le *tripler*, 4 fois, c'est le *quadrupler*, et ainsi de suite.

22. Une multiplication renferme trois nombres, savoir : celui qu'on répète et qui s'appelle *multiplicande*, le nombre qui désigne combien de fois on le répète, et qui s'appelle *multiplicateur* ; enfin le résultat de l'opération qui se nomme *produit*. Le *multiplicande* et le *multiplicateur* considérés comme concourant ensemble à former le *produit*, sont appelés *facteurs* de ce *produit*. Dans l'exemple ci-dessus, 16 est le *multiplicande*, 4 le *multiplicateur*, et 64 le *produit*.

23. Lorsque le multiplicande et le multiplicateur sont de grands nombres, la formation du produit par l'addition répétée du multiplicande prendrait un temps très-considérable ; on a cherché en conséquence à l'abréger, en la décomposant en un certain nombre d'opérations partielles, faciles à effectuer de mémoire. On répéterait, par exemple, 4 fois le nombre 16, en prenant séparément le même nombre de fois, les 6 unités et la dixaine dont il se compose : il suffit donc pour cela de connaître les produits que donnent les nombres d'unités de chaque ordre du multiplicande par le multiplicateur, lorsque ce dernier nombre n'a qu'un seul chiffre, et cela revient, pour tous les cas possibles, à trouver le

produit de l'un quelconque des 9 premiers nombres par tout autre de ces nombres.

24. Ces produits sont contenus dans la table suivante, attribuée à Pythagore.

TABLE DE PYTHAGORE.

1	2	3	4	5	6	7	8	9
2	4	6	8	10	12	14	16	18
3	6	9	12	15	18	21	24	27
4	8	12	16	20	24	28	32	36
5	10	15	20	25	30	35	40	45
6	12	18	24	30	36	42	48	54
7	14	21	28	35	42	49	56	63
8	16	24	32	40	48	56	64	72
9	18	27	36	45	54	63	72	81

25. Pour former cette table, on écrit d'abord sur une même ligne les nombres 1, 2, 3, 4, 5, 6, 7, 8, 9. On ajoute chacun de ces nombres à lui-même, et on écrit la somme sur la seconde ligne qui se trouve composée alors du double de chaque nombre de la première, ou du produit de ce nombre par 2.

On ajoute de même à chacun des nombres de la se—

conde ligne, celui qui lui correspond dans la première; et on dispose les sommes sur une troisième ligne qui renferme ainsi le triple de chacun des nombres de la première, ou leurs produits par 3. Par l'addition des nombres de la première ligne avec ceux de la troisième, on en formera une quatrième qui contiendra le quadruple de chaque nombre de la première, ou le produit de ce nombre par 4, et ainsi de suite, jusqu'à ce que l'on soit parvenu à la neuvième ligne, qui contient les produits des nombres de la première, multipliés chacun par 9.

Il est à-propos de remarquer que les divers produits d'un nombre quelconque, par les nombres 2, 3, 4, 5, etc., se nomment les *multiples* de ce nombre : ainsi 6, 9, 12, 15, etc. sont les multiples de 3.

26. Quand on a bien conçu la formation de cette table, il est facile d'en connaître l'usage. En effet, si l'on demandait, par exemple, le produit de 7 par 5, il faudrait, dans la cinquième ligne qui renferme les divers produits des neuf premiers nombres multipliés par 5, prendre celui qui répond au-dessous de 7 : on trouverait ainsi 35; il en serait de même pour tout autre exemple : *le produit se trouverait dans la ligne du multiplicateur au-dessous du multiplicande.*

27. En cherchant dans la table de Pythagore, le produit de 5 par 7, on trouvera encore comme ci-dessus 35, quoiqu'on ait considéré cette fois 5 comme le multiplicande, et 7 comme le multiplicateur : cette observation qu'on peut répéter sur chacun des produits contenus dans la table, est générale, et *on peut toujours, dans quelque multiplication que ce soit, renverser l'ordre des facteurs, c'est-à-dire, prendre le multiplicateur pour multiplicande et le multiplicande pour multiplicateur.*

Comme la table de Pythagore ne renferme qu'un nombre limité de produits, il ne suffirait pas d'avoir vérifié dans cette table la conclusion énoncée plus haut ; car on pourrait craindre qu'elle ne fût pas vraie, pour des produits plus grands dont le nombre est illimité. Il n'y a qu'un raisonnement indépendant de toute valeur particulière du multiplicande et du multiplicateur, qui puisse montrer que la conclusion dont il s'agit ne souffre aucune exception ; en voici un d'autant plus propre à remplir ce but, qu'il offre une image sensible de la manière dont se forme le produit de deux nombres. Pour le faire mieux concevoir, je l'appliquerai d'abord aux nombres 5 et 3.

Si l'on écrit sur une même ligne 5 fois le chiffre 1, et qu'on place deux lignes semblables au-dessous de la première, comme on voit plus bas,

$$1, 1, 1, 1, 1$$
$$1, 1, 1, 1, 1$$
$$1, 1, 1, 1, 1,$$

le nombre total des chiffres 1 sera composé d'autant de fois 5 qu'il y a de lignes, c'est-à-dire de 3 fois 5 ; mais par la disposition de ces lignes, les chiffres 1 sont rangés en colonnes qui en contiennent 3 ; en les comptant de cette manière, on trouve autant de fois 3 unités qu'il y a de colonnes, ou 5 fois 3 unités, et le produit ne dépendant point de la manière de compter, il s'ensuit que 3 fois 5, et 5 fois 3 donnent le même résultat. Il est facile d'étendre ce raisonnement à des nombres quelconques, en concevant que chaque ligne contient autant d'unités qu'il y en a dans le multiplicande, et qu'on ait placé, les unes sous les autres, un nombre de lignes égal au multiplicateur : en comptant alors le produit par les lignes, il résulte du multiplicande répété

autant de fois qu'il y a d'unités dans le multiplicateur ;
mais l'assemblage des chiffres écrits présente autant de
colonnes qu'il y a d'unités dans une ligne ; et chaque
colonne contient autant d'unités qu'il y a de lignes : si
donc on veut compter par colonnes, on répétera le
nombre de lignes ou le multiplicateur autant de fois
qu'il y a d'unités dans une ligne, c'est-à-dire, autant
de fois que le marque le multiplicande. Il est par conséquent permis, dans la formation du produit de
deux nombres quelconques, de prendre pour multiplicateur celui de ces nombres qu'on voudra.

28. Le raisonnement que je viens de rapporter pour
prouver la vérité de la proposition précédente, en est la *démonstration*, et il faut bien remarquer que ce qui constitue l'essence de la méthode suivie dans les mathématiques pures, c'est qu'on n'y admet aucune proposition ou aucun procédé qui ne soit la conséquence nécessaire des premières notions sur lesquelles on s'est
appuyé, ou dont la vérité ne soit établie en général,
d'après des raisonnemens indépendans des exemples
particuliers qui ne peuvent jamais former de preuve,
et qui ne servent qu'à faciliter au lecteur l'intelli-
gence des raisonnemens, ou la pratique des règles.

29. Connaissant tous les produits que donnent les 9
premiers nombres, combinés entr'eux, on peut, suivant
la remarque du n° 23, multiplier un nombre quelconque par un nombre d'un seul chiffre, en formant
successivement le produit des unités de chaque ordre
du multiplicande, par le multiplicateur ; et l'opération
se dispose de la manière suivante :

$$526$$
$$\underline{7}$$
$$3682$$

Le produit des unités 6 du multiplicande par le multiplicateur 7 étant 42, on n'écrit que les 2 unités et on retient les 4 dixaines pour les joindre à celles qu'on trouvera plus loin.

Le produit des dixaines 2 du multiplicande par le multiplicateur 7 est 14, et en y ajoutant les 4 dixaines retenues précédemment, on forme le nombre 18, dont on n'écrit encore que les unités, en retenant la dixaine pour l'opération suivante.

Le produit des centaines 5 du multiplicande par le multiplicateur 7 est 35; augmenté de la retenue 1 faite précédemment, il devient 36, et s'écrit tout entier, parce qu'il n'y a plus de chiffres au multiplicande.

30. Ce procédé s'énonce ainsi : *Pour multiplier un nombre composé de plusieurs chiffres par un nombre d'un seul, on place le multiplicateur sous les unités du multiplicande, on tire un trait au-dessous de ces nombres pour les séparer du produit; on multiplie successivement, en commençant par la droite, les unités de chaque ordre du multiplicande par le multiplicateur; on écrit le produit tout entier lorsqu'il ne passe pas 9, mais s'il renferme des dixaines, on les retient pour les joindre au produit suivant, et on continue ainsi jusqu'au dernier chiffre à gauche du multiplicande, dont on écrit le produit tel qu'il se trouve.*

Il est évident que lorsque le multiplicande est terminé par des o, l'opération ne doit commencer qu'au premier chiffre significatif de ce nombre, mais que pour donner au produit la valeur qu'il doit avoir, il faut mettre à sa droite autant de o, qu'il s'en trouve à celle du multiplicande. A l'égard des o qui seraient placés entre les chiffres du multiplicande, ils ne donnent aucun produit, et l'on doit par conséquent

mettre un o, lorsqu'on n'a rien retenu du produit précédent.

Voici quelques exemples pour exercer le lecteur.

956	·8200	7012	80970
6	9	5	4
5736.	73800.	35060.	323880.

31. Les nombres les plus simples, exprimés par plusieurs chiffres, étant 10, 100, 1000, etc., il faut d'a-
bord chercher comment on peut multiplier par chacun
de ces nombres un nombre quelconque. Or en se rappelant la convention établie dans le n° 6, d'après laquelle
le même chiffre prend une valeur de 10 en 10 fois
plus grande à mesure qu'on l'avance vers la gauche,
on concevra que pour multiplier un nombre quelconque
par 10, il faut rendre dix fois plus grande chacune
des collections d'unités dont il se compose, c'est-à-dire,
changer les unités en dixaines, les dixaines en centaines,
et ainsi de suite ; et qu'on opère cet effet, en plaçant un o à la droite du nombre proposé, puisque
tous ses chiffres significatifs se trouveront avancés d'un
rang vers la gauche.

Par la même raison, on multiplierait par 100 un
nombre quelconque, en plaçant à sa droite deux
zéros, puisque par le premier zéro le nombre deve-
nant 10 fois plus grand qu'il était d'abord, deviendrait encore 10 fois plus grand, par le second zéro, et
serait par conséquent 10 fois 10, ou 100 fois plus grand
qu'il n'était en premier lieu.

En continuant ce raisonnement, on verra que, d'a-
près notre système de numération, on multiplie un
nombre par 10, 100, 1000, etc., en écrivant, à la

droite du multiplicande, autant de zéros qu'il y en a dans le multiplicateur, à la droite de l'unité.

32. Lorsque le chiffre significatif du multiplicateur est différent de l'unité, qu'il s'agit, par exemple, de multiplier par 30, ou par 300, ou par 3000, qui ne sont autre chose que 10 fois 3, ou 100 fois 3, ou 1000 fois 3, etc. l'opération se décompose en deux autres; on multiplie d'abord par le chiffre significatif 3, suivant la règle du n° 30, et ensuite on multiplie le produit par 10, 100 ou 1000, etc. (comme il vient d'être dit dans le n° précédent), en écrivant un, deux, trois zéros à la droite de ce produit.

Soit, par exemple, 764 à multiplier par 300.

$$
\begin{array}{r}
764 \\
300 \\
\hline
\end{array}
$$

Produit.....229200.

Les 4 chiffres significatifs de ce produit résultent de la multiplication de 764 par 3; on les recule de deux rangs vers la gauche, pour placer les deux zéros qui terminent le multiplicateur.

En général, *lorsque le multiplicateur sera suivi d'un nombre quelconque de zéros, on multipliera d'abord le multiplicande par le chiffre significatif du multiplicateur, et on placera à la suite du produit, autant de zéros qu'il y en a dans le multiplicateur.*

33. Les règles précédentes s'appliquent au cas où le multiplicateur est quelconque, en considérant à part chacune des collections d'unités dont il est composé. Multiplier, par exemple, 793 par 345, ou, ce qui revient au même, répéter 345 fois le nombre 793, c'est prendre 793, 5 fois, plus 40 fois, plus 300 fois, et

l'opération à faire se trouve décomposée en trois autres dans lesquelles les multiplicateurs 5, 40 et 300 n'ont qu'un chiffre significatif.

Pour réunir facilement le résultat de ces trois opérations, on dispose le calcul comme il suit :

$$
\begin{array}{r}
793 \\
345 \\
\hline
3965 \\
31720 \\
237900 \\
\hline
273585
\end{array}
$$

On multiplie successivement le multiplicande par les unités, les dixaines, les centaines, etc. du multiplicateur, en observant de placer un zéro à la droite du produit partiel, donné par les dixaines du multiplicateur, et deux zéros à la droite du produit donné par les centaines ; ce qui avance le premier de ces produits d'un rang vers la gauche, et le second de deux. On fait ensuite l'addition des trois produits partiels pour obtenir le produit total des nombres proposés.

Les zéros mis à la suite des produits partiels ne comptant pour rien dans cette addition, on peut se dispenser de les écrire, pourvu qu'on ait soin de placer au rang qu'il doit occuper, le premier chiffre du produit donné par chaque chiffre significatif du multiplicateur, c'est-à-dire, au rang des dixaines, le produit donné par les dixaines du multiplicateur, au rang des centaines, le produit donné par les centaines du multiplicateur, et ainsi de suite.

34. D'après ce qui précède, on énonce la règle suivante : *Pour multiplier deux nombres quelconques, l'un*

par l'autre, on forme successivement (selon la règle du n° 30) les produits du multiplicande par les divers ordres d'unités du multiplicateur, en observant de placer le premier chiffre de chaque produit partiel, sous les unités de l'ordre dont est le chiffre du multiplicateur qui donne ce produit, et on ajoute ensuite tous les produits partiels.

35. Lorsque le multiplicande est terminé par des zéros, on peut les négliger d'abord, et commencer toutes les multiplications partielles, au premier chiffre significatif du multiplicande; mais pour replacer ensuite au rang qui leur convient les chiffres du produit total, il faut écrire à la droite de ce produit, autant de zéros qu'il y en avait à celle du multiplicande.

Si le multiplicateur était terminé par un ou plusieurs zéros, la remarque du n° 31 permettrait de négliger encore ceux-ci, pourvu que l'on en écrivît un pareil nombre à la droite du produit.

Il résulte de là, que *lorsque le multiplicande et le multiplicateur sont terminés par des zéros, on ne s'occupe d'abord que des chiffres significatifs, et on met à la droite du produit obtenu d'après ces chiffres, autant de zéros qu'il y en avait tant dans le multiplicande que dans le multiplicateur.*

Lorsqu'il y a des zéros entre les chiffres significatifs du multiplicateur, comme ils ne donnent aucun produit, on les passe en observant de placer dans le rang qui leur convient, les unités du produit résultant du chiffre significatif écrit à la gauche de ces zéros.

Le lecteur pourra s'exercer sur ces exemples :

300	526	9648
40	307	5137
12000.	3682	67536
	157800	289440
	161482.	964800
		48240000
		49561776.

De la Division.

36. Le produit de deux nombres étant formé de l'un de ces nombres répété autant de fois qu'il y a d'unités dans l'autre (21), on peut revenir d'un produit quelconque à l'un de ses facteurs, en cherchant combien de fois ce produit contient son autre facteur. La soustraction seule suffit pour cette recherche ; en effet, si l'on voulait savoir combien de fois 64 contient 16, il n'y aurait qu'à retrancher 16 de 64 autant de fois que la chose serait possible, comme après quatre soustractions il ne resterait rien, on en conclurait que le nombre 16 est contenu 4 fois dans 64. Cette manière de décomposer un nombre par un autre, pour savoir combien il contient cet autre, se nomme *division*, parce qu'elle sert à diviser ou à partager un nombre donné en parties égales, dont le nombre ou la valeur sont donnés.

Si l'on avait par exemple à diviser 64 en 4 parties égales, pour trouver la valeur de ces parties, il faudrait chercher le nombre qui est contenu 4 fois dans 64, et par conséquent regarder 64 comme un produit ayant pour facteur 4 et l'une des parties cherchées, qui est ici 16. Si l'on demandait de combien de parties égales à 16 le nombre 64 est composé, il faudrait pour connaître le nombre de ces parties, chercher combien de fois 64 contient 16, et par conséquent on devrait regarder 64 comme un produit dont un des facteurs serait 16, et l'autre le nombre cherché, qui est ici 4.

Quel que soit donc celui de ses usages que l'on ait en vue, *la division revient à trouver l'un des facteurs d'un produit donné, lorsqu'on connait l'autre facteur.*

37. Le nombre qu'il faut diviser se nomme *dividende*; le facteur connu, et par lequel on doit diviser, se nomme *diviseur*. Le facteur inconnu que l'on trouve par la division, se nomme *quotient*, et indique toujours combien de fois le diviseur est contenu dans le dividende.

Il suit de ce qui vient d'être dit, *que le diviseur multiplié par le quotient, doit reproduire le dividende.*

38. Lorsque le dividende peut contenir un grand nombre de fois le diviseur, il n'est guères praticable d'employer la soustraction répétée pour parvenir au quotient, il faut alors recourir à une abréviation analogue à celle qu'on a donnée pour la multiplication. Si le dividende n'est pas 10 fois aussi grand que le diviseur, ce qu'on peut voir à la seule inspection de ces nombres, et si le diviseur n'a qu'un seul chiffre, on trouvera le quotient par la table de Pythagore; puisqu'elle renferme tous les produits dont les facteurs n'ont qu'un chiffre. Si l'on demandait, par exemple, combien de fois 56 contient 8, il faudrait descendre dans la 8eme colonne, jusqu'à la ligne où se trouve 56. Le chiffre 7, placé à la tête de cette ligne, indique le second facteur du nombre 56, ou combien de fois ce nombre contient 8.

On voit par cette même table qu'il y a des nombres qui ne peuvent être exactement divisés par d'autres. Par exemple, la septième ligne qui contient tous les multiples de 7, ne renfermant pas le nombre 40, il en résulte qu'il n'est pas divisible par 7; mais comme il est compris entre 35 et 42, on voit que le plus grand multiple de 7 qu'il puisse contenir, est 35, dont les facteurs sont 5 et 7. Avec ces élémens et par les considérations que je vais exposer, on peut effectuer une division quelconque.

39. Soit, par exemple, à diviser 1656 par 3. On peut changer la question en cette autre : *Trouver un nombre tel, qu'en multipliant ses unités, dixaines, centaines, etc. par 3, on obtienne pour produit les unités, dixaines, centaines, etc. du dividende 1656.*

Il est visible que ce nombre n'aura pas d'unités d'un ordre plus élevé que les mille, car s'il avait seulement des dixaines de mille, on aurait aussi des dixaines de mille au produit, et c'est ce qui n'a pas lieu. Il n'aura pas non plus d'unités de l'ordre des mille; car s'il en avait seulement une, le produit 1656 en contiendrait au moins 3, et c'est encore ce qui n'a pas lieu.

Ceci nous montre que le mille qui se trouve au dividende est une retenue que l'on obtient quand on multiplie par le diviseur 3 les centaines du quotient.

Cela posé, le chiffre des centaines du quotient cherché doit être tel, qu'en multipliant le nombre qu'il exprime par 3, on ait pour produit 16, ou le multiple de 3 le plus approchant de 16. Cette restriction est nécessaire, à cause des retenues qu'a pu fournir la multiplication des autres chiffres du quotient par le diviseur, retenues qui ont dû se réunir au produit des centaines.

Le nombre qui remplit cette condition est 5; mais

5 centaines multipliées par 3 donnent 15 centaines, et
le dividende 1656 en contient 16. La différence 1 centaine provient donc des retenues résultantes de la multiplication des autres chiffres du quotient par le diviseur.
Si maintenant on retranche le produit partiel 15 centaines, ou 1500, du produit total 1656, le reste 156
contiendra les produits des unités et des dixaines du quotient par le diviseur; et tout se réduira à trouver un
nombre qui, multiplié par 3, donne 156, question précisément semblable à celle que nous nous étions proposée d'abord. Ainsi, lorsqu'on aura trouvé le premier
chiffre du quotient dans cette dernière, comme on l'a
fait dans la précédente, on multipliera le nombre qu'il exprime par le diviseur; et retranchant ce produit partiel
du produit total, on aura pour résultat un nouveau dividende, sur lequel on opérera comme sur le précédent,
et ainsi de suite jusqu'à ce que le dividende primitif
soit épuisé.

40. L'opération que je viens de décrire se dispose
comme on le voit ci-dessous.

$$
\begin{array}{c|c}
\text{divid. } 1656 & 3 \text{ divis.} \\
15 & \overline{552 \text{ quot.}} \\
\hline
15 & \\
15 & \\
\hline
06 & \\
6 & \\
\hline
0. &
\end{array}
$$

Le dividende et le diviseur sont séparés par un trait,
on en tire un autre sous le diviseur pour marquer la
place du quotient : cela fait, on prend sur la gauche

du dividende la partie 16, capable de contenir le diviseur 3 , et en la divisant par ce nombre, on a 5 pour
le premier chiffre à gauche du quotient ; formant ensuite le produit du diviseur par le nombre qu'on vient
de trouver, et le retranchant du dividende partiel 16,
on écrit au-dessous le reste 1 , à côté duquel on abaisse
les dixaines 5 du dividende. Considérant ce dernier
nombre comme un second dividende partiel , on le divise encore par le diviseur 3 , et on obtient pour le second
chiffre du quotient ; on fait le produit de ce nombre par
le diviseur, qu'on retranche du dividende partiel , et on
a o pour reste. On abaisse enfin le dernier chiffre du
dividende 6, on divise ce troisième dividende partiel
par le diviseur 3 , et on a 2 pour le dernier chiffre du
quotient.

41. Il est évident que si l'on trouvait un dividende
partiel, qui ne contînt pas le diviseur, ce ne pourrait
être que parce que le quotient n'a pas d'unités de
l'ordre de ce dividende, et que celles qu'il renferme,
viennent des produits du diviseur par les unités des ordres
inférieurs du quotient : il faut donc, quand cela arrive ,
mettre un o au quotient, pour remplir la place de
l'ordre d'unités qui manque.

Exemple : soit

$$
\begin{array}{r|l}
1535 & 5 \\
15 & \overline{307} \\[2pt]
\hline
035 & \\
35 & \\[2pt]
\hline
00. &
\end{array}
$$

La division des 15 centaines du dividende par le diviseur, ne laissant aucun reste, les dixaines 3 qui for-

ment

ment le second dividende partiel, ne peuvent contenir le diviseur. Il en résulte que le quotient ne doit point avoir de dixaines, et qu'il faut par conséquent en remplir la place par un o, pour donner au premier chiffre du quotient la valeur qu'il doit avoir par rapport aux autres; puis abaissant le dernier chiffre du dividende, on forme un troisième dividende partiel, qui, divisé par 5, donne 7 pour les unités du quotient, et ce nombre est 307.

42. Les considérations exposées dans le n° 40, s'appliquent également aux cas où le diviseur contient un nombre quelconque de chiffres.

S'il s'agissait, par exemple, de diviser 57981 par 251, on verrait facilement que le quotient n'a pas de chiffres au-delà des centaines, puisque s'il avait seulement des mille, le dividende contiendrait des centaines de mille, ce qui n'a pas lieu; de plus, ce chiffre de centaines devrait être tel, que, multiplié par 251, il donnât pour produit 579, ou le multiple de 251 le plus approchant de 579, mais moindre que ce nombre, restriction nécessaire, à cause des retenues qu'a pu fournir la multiplication des autres chiffres du quotient par le diviseur. Le nombre qui vérifie cette condition est 2; mais 2 centaines multipliées par 251 font 502 centaines, et le dividende en contient 579; la différence 77 centaines provient donc des retenues résultantes de la multiplication des unités et dixaines du quotient par le diviseur.

Si maintenant on retranche le produit partiel 502 centaines, ou 50200, du produit total 57981, le reste 7781 contiendra les produits des unités et des dixaines du quotient par le diviseur, et tout se réduira encore à trouver un nombre qui, multiplié par 251, donne pour produit 7781. Ainsi, lorsqu'on aura déterminé le premier chiffre du quotient, on multipliera le nombre qu'il exprime par le diviseur ; et retranchant le produit partiel du produit total, on aura pour résultat un nouveau dividende, sur lequel on opérera comme sur le précédent ; et ainsi de suite jusqu'à ce que le dividende soit épuisé.

En général, il faut toujours, pour obtenir le premier chiffre du quotient, séparer, sur la gauche du dividende, un nombre de chiffres suffisant pour que le nombre qu'ils expriment, considéré comme représentant des unités simples, puissent contenir le diviseur, et effectuer cette division partielle.

43. En disposant l'opération comme précédemment, les calculs que l'on vient d'indiquer s'exécutent dans l'ordre suivant :

$$
\begin{array}{r|l}
57981 & 251 \\
502 & \overline{231} \\
\hline
778 & \\
753 & \\
\hline
251 & \\
251 & \\
\hline
000 &
\end{array}
$$

on prend les 3 premiers chiffres à gauche du dividende, pour former le premier dividende partiel ; on le divise par le diviseur ; on écrit au quotient le nombre 2 qui en résulte ; on multiplie le diviseur par ce nombre ; on écrit le produit 502, sous le dividende partiel 579. La soustraction étant faite, à côté du reste 7, on abaisse les dixaines 8 du dividende ; on divise ce nouveau dividende partiel par le diviseur, on obtient 3 pour le second chiffre du quotient, on multiplie le produit du diviseur par ce nombre. On retranche le produit 753 du dividende partiel correspondant ; à côté du reste 25, on abaisse le dernier chiffre 1 du dividende ;

enfin le dernier dividende partiel 251, égal au diviseur, donne 1 pour les unités du quotient.

44. Lorsque le diviseur renferme plusieurs chiffres, on peut trouver quelques difficultés à reconnaître combien de fois ce nombre est contenu dans les dividendes partiels. L'exemple suivant est destiné à montrer comment on y parvient.

$$
\begin{array}{r|l}
423405 & 485 \\
3880 & \overline{873} \\
\hline
3540 & \\
3395 & \\
\hline
1455 & \\
1455 & \\
\hline
0000 & \\
\end{array}
$$

Il faut d'abord prendre quatre chiffres sur la gauche du dividende, pour former un nombre qui puisse renfermer le diviseur ; et alors on ne voit pas tout de suite combien de fois 4234 peut contenir 485. Pour s'aider dans cette recherche, on observera que ce diviseur est compris entre 400 et 500 ; et que si il était exactement l'un ou l'autre de ces nombres, la question serait réduite à trouver combien de fois 4 centaines ou 5 centaines sont contenues dans les 42 centaines du nombre 4234, ou bien, ce qui revient au même, combien de fois les nombres 4 ou 5 sont contenus dans 42. On a, pour le premier, 10, et pour le second, 8 ; c'est donc entre ceux-ci que se trouve le quotient cherché. On voit d'abord qu'il n'est pas possible d'employer 10, parce que cela supposerait que les unités de l'ordre supérieur aux centaines du dividende, peuvent contenir le diviseur, ce qui n'est pas ; il ne reste donc qu'à essayer lequel des deux nombres 9 ou 8, employé comme multiplicateur de 485, donne un produit qu'on puisse retrancher de

4234, et on trouve que c'est 8 : c'est donc là le premier chiffre du quotient. En retranchant du dividende partiel le produit du diviseur multiplié par 8, on a pour reste 354; abaissant ensuite le 0 des dixaines du dividende, on forme un second dividende partiel, sur lequel on opère comme sur le précédent, et ainsi des autres.

45. Le résumé des numéros précédens nous offre cette règle : *Pour diviser un nombre par un autre, on place le diviseur à la droite du dividende; on les sépare par un trait et on en tire un autre sous le diviseur, pour marquer la place du quotient. On prend sur la gauche du dividende autant de chiffres qu'il en faut pour contenir le diviseur ; on cherche combien de fois le nombre exprimé par le premier chiffre du diviseur est contenu dans celui que représentent le premier ou les deux premiers chiffres du dividende partiel ; on multiplie ce quotient, qui n'est qu'approché, par le diviseur ; et si le produit est plus fort que le dividende partiel, on ôte successivement autant d'unités du quotient qu'il est nécessaire pour obtenir un produit qui puisse se retrancher du dividende partiel ; on fait la soustraction, et s'il restait plus que le diviseur, ce serait alors une preuve que le quotient a été trop diminué ; on l'augmenterait en conséquence. A côté du reste, on abaisse le chiffre suivant du dividende; on cherche, comme précédemment, combien de fois ce dividende partiel contient le diviseur; on écrit au quotient le nombre trouvé, qu'on multiplie par le diviseur, pour retrancher le produit du dividende partiel; on continue ainsi jusqu'à ce qu'on ait abaissé tous les chiffres du dividende proposé. Lorsqu'on rencontre un dividende partiel qui ne contient pas le diviseur, il faut, avant d'abaisser un nouveau chiffre du dividende, poser un zéro au quotient.*

46. On resserre dans un plus petit espace les opérations qu'exige la division, en effectuant de mémoire la

soustraction des produits du diviseur par chaque chiffre du quotient, comme on va le voir dans l'exemple ci-dessous :

$$\begin{array}{r|l} 1755 & 39 \\ 195 & \overline{45} \\ \overline{000} & \end{array}$$

Après avoir trouvé que le premier dividende partiel 175 contient 4 fois le diviseur 39, on multiplie d'abord ces 9 unités par 4, ce qui donne 36 ; et pour retrancher ce produit des unités du dividende partiel, on ajoute aux 5 unités qu'il contient 4 dixaines, ce qui fait 45, d'où retranchant 36, il reste 9. On retient ensuite les 4 dixaines pour les joindre par la pensée au produit 12 du quotient par les dixaines du diviseur, ce qui fait 16 ; et en la retranchant de 17, on ôte les 4 dixaines dont on avait augmenté les unités du dividende, pour rendre possible la soustraction précédente. On opère de même sur le second dividende partiel 195, en disant 5 fois 9 font 45, ôtés de 45, reste zéro, puis 5 fois 3 font 15 et 4 dixaines de retenue font 19, ôtés de 19, reste zéro.

On voit suffisamment par-là, comment on se conduirait sur tout autre exemple, quelque compliqué qu'il fût.

47. La division s'abrège encore lorsque le dividende et le diviseur sont terminés par plusieurs zéros, parce qu'on peut en supprimer à la suite de chacun de ces nombres autant qu'il y en a dans celui qui en contient le moins.

Si l'on avait, par exemple, 84000 à diviser par 400, on réduirait ces nombres à 840 et à 4 ; le quotient ne serait pas altéré ; car on n'aurait fait que changer le nom des unités, puisqu'au lieu de 84000 ou de 840 centaines, et de 400 ou de 4 centaines, on aurait 840 unités et 4 unités, et le quotient des nombres 840 et 4

3

demeure toujours le même , quelle que soit l'espèce de leurs unités.

Il faut remarquer aussi qu'en supprimant deux zéros à la suite des nombres proposés, on les a divisés en même temps l'un et l'autre par 100 ; car il suit du numéro 31, qu'en effaçant 1 ou 2 ou 3 zéros à la droite d'un nombre quelconque, on le divise par 10 ou par 100, ou par 1000, et ainsi de suite.

Voici quelques exemples de division :

$$
\begin{array}{r|l}
144 & 3 \\ \cline{2-2}
24 & 48 \\
00 &
\end{array}
\qquad
\begin{array}{r|l}
16512 & 344 \\ \cline{2-2}
2752 & 48 \\
0000 &
\end{array}
\qquad
\begin{array}{r|l}
3049164 & 6274 \\ \cline{2-2}
53956 & 486 \\
37644 & \\
00000 &
\end{array}
$$

48. La division et la multiplication se servent réciproquement de preuve, comme la soustraction et l'addition, puisque d'après la définition de la division, on doit, en divisant un produit par un de ses facteurs, trouver l'autre, et qu'en multipliant le diviseur par le quotient, on doit reproduire le dividende.

Des Fractions.

49. La division ne peut pas toujours s'effectuer exactement , parce qu'un nombre quelconque d'unités ne se compose pas d'un autre nombre quelconque d'unités , pris un certain nombre de fois. On en a déjà vu des exemples dans la table de Pythagore, qui ne renferme que les produits des neuf premiers nombres , multipliés deux à deux et qui ne contient pas tous les nombres compris entre 1 et 81, le premier et le dernier de ceux qu'on y a inscrits. La méthode exposée ci-dessus ne conduit alors qu'à trouver le plus grand multiple du diviseur que puisse contenir le dividende.

Si l'on avait à diviser 239 par 8, en suivant la règle du

numéro 46,

$$\begin{array}{c|c} 239 & 8 \\ 79 & \overline{\quad} \\ 7 & 29 \end{array}$$

comme le montre l'opération ci-dessus, on aurait pour dernier dividende partiel le nombre 79, qui ne contient pas 8 exactement, mais qui, tombant entre les nombres 72 et 80, dont l'un contient 9 fois, et l'autre 10 fois le diviseur 8, fait voir que la dernière partie du quotient est plus grande que 9 et moindre que 10, et que par conséquent le quotient total est entre 29 et 30. Multipliant donc le chiffre 9 des unités du quotient par le diviseur 8, et retranchant le produit du dernier dividende partiel 79, le reste 7 sera évidemment l'excès du dividende 239 sur le produit des facteurs 29 et 8. En effet, ayant, par les diverses parties de l'opération, retranché successivement du dividende 239 le produit de chaque chiffre du quotient par le diviseur, on a évidemment soustrait le produit du quotient entier par le diviseur, ou 232 ; et le reste 7 moindre que le diviseur, prouve que 232 est le plus grand multiple de 8 que peut contenir 239.

50. Il est bon de se rappeler que d'après ce qui vient d'être dit, pour reproduire un dividende quelconque, il faut ajouter au produit du diviseur par le quotient, le reste qu'a laissé la division, lorsqu'elle n'a pu se faire exactement.

51. Si l'on voulait réellement partager en huit parties égales une grandeur, d'espèce quelconque, composée de 239 unités, on ne le pourrait pas, sans y mettre des portions d'unités ou des *fractions*. En effet, lorsqu'on aurait ôté du nombre 239 les 8 fois 29 unités qu'il contient, il resterait 7 unités à partager en 8 parties ; pour y parvenir, on pourrait diviser, l'une après l'autre, toutes ces

unités en 8 parties, puis prendre une partie sur chaque unité, ce qui donnerait 7 parties qu'il faudrait joindre aux 29 unités entières, pour former la huitième partie de 239 ou le quotient exact de la division de ce nombre par 8.

Le même raisonnement pourrait se faire sur toute autre division qui laisserait un reste; et, dans ce cas, le quotient se compose alors de deux parties; l'une est formée d'unités entières, l'autre ne peut s'obtenir qu'après qu'on a réellement effectué le partage des unités concrètes ou matérielles du reste, dans le nombre de parties marquées par le diviseur : jusque - là on ne fait que l'indiquer, en disant : *qu'il faut concevoir l'unité du dividende, divisée en autant de parties qu'il y a d'unités dans le diviseur, et prendre autant de ces parties qu'il y a d'unités dans le reste, pour compléter le quotient cherché.*

52. En général, lorsqu'on a voulu considérer des quantités moindres que l'unité, il a fallu, pour les rapporter à cette unité, la concevoir partagée en un certain nombre de parties assez petites pour pouvoir être contenues un certain nombre de fois dans ces quantités, ou les *mesurer.* Dans l'idée qu'on s'est formé ainsi de leur grandeur, il est donc entré deux élémens, savoir : combien de fois les parties qui les mesurent sont contenues dans l'unité, et combien elles en renferment.

On a composé pour les fractions, une nomenclature qui répond à la manière de les concevoir et de les représenter.

Celles qui résultent de la division de l'unité en 2 parties, se nomment *moitié* ou *demie.*

en 3 parties	*tiers,*
en 4 parties	*quart,*
en 5 parties	*cinquième,*
en 6 parties	*sixième,*

et ainsi de suite, en ajoutant la terminaison *ième* au nombre qui marque combien on conçoit de parties dans l'unité.

Toute fraction s'exprime alors par deux mots : le premier qui fait connaître de combien de parties elle est composée, se nomme *numérateur*, et le dernier, qui marque combien il faut de ces parties pour former l'unité, s'appelle *dénominateur*, parce qu'on en déduit la dénomination de la fraction. Les *cinq sixièmes* de l'unité, sont une fraction dont le numérateur est *cinq*, et le dénominateur est *six*.

Le *numérateur* et le *dénominateur* s'appellent conjointement les deux termes de la fraction.

On se sert des chiffres pour abréger l'expression des fractions, en écrivant de cette manière le dénominateur sous le numérateur, séparés l'un de l'autre par un trait :

$$\text{un tiers s'écrit } \tfrac{1}{3}$$
$$\text{cinq sixièmes } \tfrac{5}{6}$$

53. D'après l'idée qu'on attache aux mots *numérateur* et *dénominateur*, il est évident *qu'on augmente une fraction en augmentant son numérateur, sans changer son dénominateur*; car ce dernier marquant en combien de parties l'unité est divisée, fixe la grandeur de ces parties, qui demeure la même tant qu'il ne change pas ; et en augmentant le numérateur on augmente le nombre de parties contenues dans la fraction, et par conséquent cette fraction. C'est ainsi, par exemple, que $\tfrac{8}{9}$ surpassent $\tfrac{7}{9}$, que $\tfrac{13}{30}$ surpassent $\tfrac{11}{30}$.

Il suit évidemment de cette considération *qu'en répétant le numérateur 2, 3, ou un nombre quelconque de fois, sans toucher au dénominateur, on répète un pareil nombre de fois la quantité représentée par la fraction,* ou elle se trouve multipliée par ce nombre; car on la compose alors de 2, 3, etc. d'un nombre quelconque de fois autant de parties qu'elle en contenait d'abord, et ces parties sont demeurées les mêmes. La fraction $\frac{3}{5}$ est donc le triple de $\frac{1}{5}$, et $\frac{10}{21}$ le double de $\frac{5}{21}$.

On diminue une fraction en diminuant son numérateur, sans changer son dénominateur, puisqu'on prend pour la composer un nombre de parties moindre que celui qu'elle contenait d'abord, et que ces parties ont conservé la même grandeur. *Donc, si on divise par 2, 3, ou un nombre quelconque, le numérateur d'une fraction, sans toucher au dénominateur, on la rend un pareil nombre de fois plus petite, ou elle se trouve divisée par ce nombre ;* car on la réduit à contenir 2, 3 ou un nombre quelconque de fois moins de parties qu'elle n'en contenait d'abord, et ces parties sont demeurées les mêmes. C'est ainsi que $\frac{1}{5}$ est le tiers de $\frac{3}{5}$, que $\frac{5}{21}$ sont la moitié de $\frac{10}{21}$.

54. Au contraire, *on diminue une fraction lorsqu'on augmente son dénominateur, sans changer son numérateur ;* car, on conçoit alors plus de parties dans l'unité ; elles deviennent donc plus petites, et comme on n'en prend encore que le même nombre pour former la fraction, leur ensemble compose dans le second cas, une quantité moindre que dans le premier. C'est ainsi que $\frac{1}{5}$ sont moins que $\frac{2}{3}$, $\frac{4}{13}$ moins que $\frac{4}{9}$.

Il suit de là ; que *si on multiplie par 2, 3, ou par un nombre quelconque, le dénominateur d'une fraction, sans toucher au numérateur, la fraction devient un pareil nombre de fois plus petite, ou se trouve divisée par ce nombre ;* car on la compose toujours d'autant de parties qu'elle en contenait d'abord, mais chacune est devenue 2, 3, ou un nombre quelconque de fois plus petite. La fraction $\frac{3}{8}$ est la moitié de $\frac{3}{4}$, et $\frac{4}{15}$ le tiers de $\frac{4}{5}$.

On augmente une fraction, lorsqu'on diminue son

dénominateur sans changer son numérateur, puis-qu'en concevant alors moins de parties dans l'unité, chacune devient plus grande, et leur ensemble devient aussi plus grand.

Donc, *si on divise le dénominateur d'une fraction par 2, 3, ou un nombre quelconque, on rend cette fraction un pareil nombre de fois plus grande qu'auparavant où elle se trouve multipliée par ce nombre ;* car on la compose toujours du même nombre de parties, mais devenues chacune 2, 3, ou un nombre quelconque de fois aussi grandes qu'elles l'étaient d'abord. D'après cela $\frac{3}{5}$ sont le triple de $\frac{3}{15}$, $\frac{5}{6}$ sont le quadruple de $\frac{5}{24}$.

Il est à propos de remarquer que supprimer le dénominateur d'une fraction c'est la multiplier par ce nombre. Supprimer, par exemple, le dénominateur 3 dans la fraction $\frac{2}{3}$, c'est la changer en deux entiers, ou la multiplier par 3.

55. On peut résumer comme il suit les propositions précédentes :

En multipliant			on multiplie	
En divisant	le numérateur		on divise	la fraction.
En multipliant			on divise	
En divisant	le dénominateur		on multiplie	la fraction.

56. La première conséquence qu'on doit tirer de ce tableau, c'est que les opérations faites sur le dénominateur, produisent sur la quantité représentée par la fraction l'effet des opérations *contraires* ou *inverses*. Il en résulte encore que, *si on multiplie à-la-fois le numérateur et le dénominateur d'une fraction par le même nombre, la fraction ne changera pas de valeur ;* car si d'un côté, en multipliant le numérateur, on rend la fraction 2, 3, etc. fois plus grande qu'auparavant ; de l'autre, par la seconde opération, on en prend la moitié, le tiers, etc. ; en un mot on la divise par le même nombre

qui l'avait multipliée d'abord. Ainsi $\frac{1}{5}$ est égal à $\frac{3}{15}$, et $\frac{5}{21}$ sont égaux à $\frac{10}{42}$.

57. *On voit de même que si l'on divise à-la-fois par le même nombre le dénominateur et le numérateur d'une fraction, sa valeur ne change point ;* car si d'un côté, en divisant le numérateur, on rend la fraction 2, 3, etc. fois plus petite qu'auparavant, de l'autre, par la seconde opération, on en prend le double, le triple, etc. ; en un mot on la multiplie par le même nombre qui l'avait divisée d'abord. Ainsi la fraction $\frac{2}{4}$ est égale à $\frac{1}{2}$, et $\frac{3}{9}$ est égale à $\frac{1}{3}$, etc.

58. Il n'en est pas des fractions, comme des nombres entiers, dans lesquels une grandeur, tant qu'on la rapporte à la même unité, n'est susceptible que d'une seule expression ; par les fractions, au contraire, la même grandeur peut être exprimée d'une infinité de manières. Par exemple, toutes les fractions

$$\frac{1}{2}, \ \frac{2}{4}, \ \frac{3}{6}, \ \frac{4}{8}, \ \frac{5}{10}, \ \frac{6}{12}, \ \frac{7}{14}, \text{ etc.}$$

dont le dénominateur contient deux fois le numérateur, expriment, sous des formes différentes, la moitié de l'unité. Les fractions

$$\frac{1}{3}, \ \frac{2}{6}, \ \frac{3}{9}, \ \frac{4}{12}, \ \frac{5}{15}, \ \frac{6}{18}, \ \frac{7}{21}, \text{ etc.}$$

dont le dénominateur contient 3 fois le numérateur, représentent toutes le tiers de l'unité. Mais parmi toutes les formes que prend dans l'un et l'autre exemple , la fraction proposée , la première est la plus remarquable, comme étant la plus simple; et il est par conséquent bon de savoir la retrouver dans chacune des autres : or, c'est à quoi l'on parvient en divisant les deux termes de celles-ci par le même nombre, ce qui, comme on l'a vu, n'en change pas la valeur. En effet, si l'on divise par 7 les deux termes de la fraction $\frac{7}{14}$, on retombera sur $\frac{1}{2}$, et faisant aussi la même opération sur la fraction $\frac{7}{21}$, on en déduira $\frac{1}{3}$.

59. C'est dans cette dernière transformation que con-

siste la *réduction d'une fraction à sa plus simple expression.*

Elle ne peut avoir lieu que pour les fractions dont le numérateur et le dénominateur se trouvent divisibles par le même nombre. Dans tous les autres cas, la fraction proposée .est la plus simple de toutes celles qui peuvent représenter la quantité qu'elle exprime.

Ainsi les fractions

$$\frac{5}{7} \qquad \frac{7}{12} \qquad \frac{15}{16},$$

dont les termes ne peuvent être divisés par un même nombre, ou *n'ont aucun diviseur commun,* sont *irréductibles* ; et l'on ne saurait par conséquent exprimer d'une manière plus simple, les grandeurs qu'elles représentent.

60. Il suit de là que pour simplifier une fraction, il faut essayer de diviser les deux termes par quelques-uns des nombres 2, 3, etc. ; mais par ce tâtonnement on n'arrivera pas toujours à la plus simple expression de la fraction proposée, ou au moins il faudra souvent effectuer un grand nombre d'opérations.

Si on avait, par exemple, la fraction $\frac{24}{84}$, on pourrait remarquer d'abord, que chacun de ses termes est un multiple de 2, et en les divisant par ce nombre, on obtiendrait $\frac{12}{42}$, divisant ensuite par 2 les deux termes de cette dernière, on en déduirait $\frac{6}{21}$.

Quoique déjà beaucoup plus simple que la proposée, cette fraction est encore susceptible de réduction, car on peut diviser ses deux termes par 3, et on obtient alors $\frac{2}{7}$.

Si l'on fait attention que diviser un nombre par 2, puis diviser le quotient par 2, puis encore ce nouveau quotient par 3, c'est la même chose que de diviser d'abord le nombre primitif par le produit des nombres 2, 2 et 3, ce qui revient à 12, on verra que les trois opérations ci-dessus peuvent s'effectuer en une seule fois, en divisant les deux termes de la fraction proposée par 12, et l'on aura encore $\frac{2}{7}$.

Les nombres 2, 3, 4 et 12, divisant chacun en même temps les deux nombres 24 et 84, sont les diviseurs communs de ces nombres ; mais 12 se distingue des autres, parce qu'il est plus grand : et c'est en employant *ce plus grand commun diviseur* des deux termes de la fraction proposée, qu'on la réduit tout d'un coup à la plus simple expression.

C'est donc une recherche utile que celle-ci : *deux nombres étant donnés, trouver leur plus grand commun diviseur.*

61. On arrive à la connaissance du commun diviseur de deux nombres par une espèce de tâtonnement facile à découvrir, et qui a l'avantage d'approcher du but à chaque essai qu'on fait. Pour l'expliquer clairement, je vais prendre un exemple.

Soient les deux nombres 637 et 143. Le plus grand diviseur commun à ces nombres ne saurait évidemment surpasser le plus petit des deux ; il convient donc d'essayer si le nombre 143, qui se divise lui-même, et donne pour quotient 1, peut diviser aussi le nombre 637, auquel cas il serait lui-même le plus grand diviseur commun cherché.

Mais dans l'exemple proposé, cela n'arrive pas, et l'on trouve un quotient 4 et un reste 65.

Maintenant il est visible que tout diviseur commun aux deux nombres 637 et 143, doit diviser aussi le reste 65 de leur division ; car le plus grand, 637, est égal au plus petit, 143, multiplié par le quotient 4, plus le reste 65 (50) ; en divisant 637 par le diviseur commun cherché, on aura un quotient exact : il faut donc qu'on en ait aussi un semblable, en divisant par le même diviseur la réunion des parties dont 637 est composé ; or le produit de 143 par 4 se divise nécessairement par le diviseur commun qui est facteur de 143 : il faut donc que l'autre partie, 65, se divise aussi par ce diviseur.

Par le même raisonnement, on prouvera en général que *tout diviseur commun à deux nombres doit diviser le reste de la division du plus grand des deux par le plus petit.*

Avec ce principe, on voit que le commun diviseur des nombres 637 et 143 doit l'être aussi des nombres 143 et 65 ; mais le dernier ne pouvant être divisé par un nombre plus grand que lui-même, il faut donc l'essayer d'abord. En divisant 143 par 65, on trouve un quotient 2 et un reste 13 ; 65 n'est donc pas le diviseur cherché. Par un raisonnement semblable à celui qu'on a fait à l'égard des nombres 637, 143, et du reste 65 de leur division, on verra que tout diviseur commun de 143 et de 65, doit l'être aussi des nombres 65 et 13 : or le plus grand diviseur commun de ces derniers ne saurait surpasser 13 ; il faut donc essayer si 13 divise 65, ce qui arrive, puisqu'on a pour quotient 5 : donc 13 est le plus grand commun diviseur cherché.

On peut encore s'assurer qu'il jouit de cette propriété, en reprenant les opérations dans un ordre inverse, ainsi qu'il suit : 13 divisant 65 et 13, divisera 143, composé de 2 fois 65 plus 13 ; divisant 65 et 143, il divisera 637, composé de 4 fois 143 plus 65 : donc 13 sera diviseur commun des deux nombres proposés. Il est d'ailleurs évident, d'après la recherche même, qu'il ne peut y en avoir un plus grand que 13, puisqu'il devrait nécessairement diviser 13.

Il est commode dans la pratique de placer les divisions successives à la suite les unes des autres, et de disposer l'opération comme on le voit ci-après :

637	143	65	13
	4	2	5
65	13	o	

en séparant les quotiens 4, 2, 5, des restes placés au-dessous.

Les raisonnemens qui nous ont guidés dans l'exemple précédent pouvant s'appliquer à des nombres quelconques, nous en déduirons cette règle générale : *On trouvera le plus grand commun diviseur de deux nombres en divisant le plus grand de ces nombres par le plus petit ; divisant ensuite le plus petit par le reste de la première division, puis divisant ce reste par celui de la seconde division, puis divisant ce second reste par le troisième reste ou celui de la troisième division, et continuant ainsi de diviser le reste de chaque opération par celui de la suivante, jusqu'à ce qu'on parvienne à un quotient exact : le dernier diviseur sera le plus grand commun diviseur demandé.*

62. Voici deux exemples de cette opération.

9024	3760	1504	752
1504	2	2	2
	752	000	

752 est donc le plus grand diviseur commun entre 9024 et 3760.

937	47	44	3	2	1
467	19	1	14	1	2
44	3	14	1	o	
		2			

On

On voit par cette dernière opération que le plus grand
diviseur commun entre 937 et 47 est seulement 1,
c'est-à-dire qu'à proprement parler, ces deux nombres n'ont point de diviseur commun, puisque tous
les nombres entiers, quels qu'ils soient, sont divisibles
par 1.

Il n'est pas difficile de se convaincre que la règle du
numéro précédent doit nécessairement conduire à ce
résultat toutes les fois que les nombres proposés n'auront pas de diviseur commun; car les restes étant
toujours moindres que le diviseur, deviennent de plus
en plus petits à chaque opération ; et il est évident
que les divisions se continueront tant qu'on aura un
diviseur plus grand que l'unité.

63. D'après ces calculs, les fractions $\frac{143}{637}$, $\frac{3760}{6024}$, se
réduisent sur-le-champ à leur plus simple expression
en divisant les deux termes de la première par le diviseur commun 13, et ceux de la seconde par léur
diviseur commun 752 : on obtient ainsi $\frac{11}{49}$, $\frac{5}{12}$. Quant
à la fraction $\frac{47}{637}$, elle est absolument irréductible,
puisque ses deux termes n'ont d'autre diviseur commun
que l'unité.

64. Il n'est pas toujours nécessaire de tenter la recherche du plus grand diviseur commun des deux
termes de la fraction proposée; il y a, ainsi que nous
l'avons fait remarquer plus haut, des réductions qui
s'offrent d'elles-mêmes.

Tout nombre terminé par un des chiffres 0, 2, 4, 6, 8,
est nécessairement divisible par 2 ; car puisqu'en divisant
un nombre quelconque par 2, il ne peut rester que 1 sur
les dixaines, la dernière division partielle s'effectuera
sur les nombres 0, 2, 4, 6, 8, si les dixaines n'ont point
laissé de reste, ou sur les nombres 12, 14, 16, 18,
si elles en ont laissé ; et tous ces nombres sont divisibles
par 2.

Les nombres divisibles par 2, se nomment *nombres pairs*, parce qu'ils peuvent être partagés en deux parties pareilles.

De même, tout nombre terminé vers la droite par un zéro ou par un 5, est divisible par 5; car, lorsqu'on sera arrivé à la division des dixaines par 5, le reste, s'il y en a un, sera nécessairement 1, 2, 3 ou 4 dixaines; ensorte que si le dernier chiffre est un o ou un 5, l'opération se terminera sur un des nombres o, 5, 10, 15, 20, 25, 30, 35, 40, 45, tous divisibles par 5.

Les nombres 10, 100, 1000, etc. exprimés par l'unité suivie d'un certain nombre de zéros, peuvent être décomposés en 9 plus 1, 99 plus 1, 999 plus 1, et ainsi de suite; et les nombres 9, 99, 999, etc. étant divisibles par 3 et par 9, il suit de là que si l'on divise par 3 ou par 9 les nombres de la forme 10, 100, 1000, etc. le reste de la division sera 1.

Maintenant tout nombre qui, comme 20, 300, 5000, est exprimé par un seul chiffre significatif, suivi, vers la droite, d'un certain nombre de zéros, peut être décomposé en plusieurs nombres exprimés par l'unité suivie, vers la droite, d'un certain nombre de zéros: 20 est égal à 10 plus 10, 300 à 100 plus 100 plus 100, 5000 à 1000 plus 1000 plus 1000 plus 1000 plus 1000, et ainsi des autres. Il suit de là que si on divise 20, ou 10 plus 10, par 3 ou par 9, le reste sera 1 plus 1, ou 2; si l'on divise 300, ou 100 plus 100 plus 100, par 3 ou par 9, le reste sera 1 plus 1 plus 1, ou 3.

En général, si l'on divise par 3 ou par 9, un nombre exprimé par un seul chiffre significatif, suivi, vers la droite, d'un certain nombre de zéros, le reste de cette division sera égal à autant de fois 1 qu'il y a d'unités dans le chiffre significatif, c'est-à-dire au chiffre significatif lui-même. Or un nombre quelconque étant décomposé en unités, dixaines, centaines, se trouve formé par la réunion de plusieurs nombres exprimés par un seul chiffre significatif ; et si l'on divise chacun de ces derniers par 3 ou par 9, on aura pour reste un des chiffres signicatifs du nombre proposé : par exemple, la division des centaines donnera pour reste le chiffre des centaines, celles des dixaines celui des dixaines, et ainsi des autres. Si donc la somme de tous ces restes était divisible par 3 ou par 9, la division du nombre proposé par 3 ou par 9 pourrait se faire exactement ; d'où il suit que si la somme des chiffres d'un nombre est divisible par 3 ou par 9, ce nombre est divisible par 3 ou par 9.

Ainsi les nombres 423, 4251, 15342, sont divisibles par 3, parce que la somme des chiffres significatifs est 9 dans le premier, 12 dans le second, et 15 dans le troisième.

De même, 621, 8280, 934218, sont divisibles par 9, parce que la somme des chiffres significatifs est 9 dans le premier, 18 dans le second, et 27 dans le troisième.

On observera que tout nombre divisible par 9 est par-là même divisible par 3, quoique tout nombre divisible par 3 ne soit pas divisible par 9.

On pourrait faire encore sur plusieurs autres nombres des observations analogues à celles que je viens d'exposer sur 2, 3, 5 et 9; mais la recherche de ces propriétés m'écarterait trop de mon sujet pour m'y arrêter.

Les nombres 1, 2, 3, 5, 7, 11, 13, 17, etc. qu'on ne peut diviser que par eux-mêmes, ou par l'unité, s'appellent *nombres premiers*. Deux nombres, comme 12 et 35, ayant, chacun en particulier, des diviseurs, mais dont aucun n'est commun à l'un et l'autre, sont dits *premiers entr'eux*.

2

Une fraction irréductible a par conséquent pour numérateur et pour dénominateur des nombres premiers entr'eux.

65. Après cette digression, je reprends l'examen du tableau du n° 55,

$$\left.\begin{array}{l}\text{En multipliant}\\\text{En divisant}\end{array}\right\}\text{le numérateur}\quad\left\{\begin{array}{l}\text{on multiplie}\\\text{on divise}\end{array}\right\}\text{la fraction.}$$

$$\left.\begin{array}{l}\text{En multipliant}\\\text{En divisant}\end{array}\right\}\text{le dénominateur}\left\{\begin{array}{l}\text{on divise}\\\text{on multiplie}\end{array}\right\}\text{la fraction.}$$

pour en déduire de nouvelles conséquences.

On voit d'abord, à la seule inspection de ce tableau, que l'on peut multiplier une fraction de deux manières, savoir : en multipliant son numérateur, ou en divisant son dénominateur, et qu'on peut aussi la diviser de deux manières, savoir : en divisant son numérateur, ou en multipliant son dénominateur : d'où il suit que la multiplication seule, selon qu'on l'effectue sur le numérateur ou sur le dénominateur, suffit pour opérer la multiplication et la division des fractions par des nombres entiers. Ainsi $\frac{3}{15}$ multipliés par 7 unités, font $\frac{21}{15}$; $\frac{4}{9}$ divisés par 3, font $\frac{4}{27}$, etc.

66. La notion des fractions nous met en état de généraliser l'idée attachée à la multiplication, dans le n° 21. Le multiplicateur étant alors un nombre entier, indiquait combien de fois on devait répéter le multiplicande ; mais le mot *multiplier* étendu aux expressions fractionnaires, n'emporte pas toujours l'idée d'augmentation, comme pour les nombres entiers. Pour comprendre dans un seul énoncé tous les cas, on peut dire que *multiplier un nombre par un autre, c'est composer avec le premier un nombre de la même manière que le second est composé avec l'unité.* En effet, lorsqu'il s'agit de multiplier par 2, par 3, etc. le produit est composé de 2 fois, 3 fois, etc. la

multiplicande., de même que le multiplicateur est composé de 2, 3, etc. unités ; et multiplier un nombre quelconque par la fraction $\frac{1}{5}$, par exemple, c'est en prendre la cinquième partie, parce que le multiplicateur $\frac{1}{5}$ étant la cinquième partie de l'unité, marque que le produit doit être la cinquième partie du multiplicande. (*)

De même, multiplier par $\frac{4}{5}$, c'est prendre sur le multiplicande une partie qui en soit les quatre cinquièmes, ou égale à quatre fois un cinquième de ce multiplicande. Nous dirons donc que *la multiplication par une fraction, quel que soit le multiplicande, a pour objet de prendre sur ce multiplicande une partie marquée par la fraction multiplicateur.*

Il est visible que cette opération est composée de deux autres, savoir, d'une division et d'une multiplication, dans lesquelles le diviseur et le multiplicateur sont des nombres entiers.

En effet, pour prendre les $\frac{4}{5}$ d'un nombre quelconque, par exemple, il faut d'abord en trouver la cinquième partie en le divisant par 5, et répéter cette cinquième partie quatre fois, en la multipliant par 4.

En général, on voit qu'*il faudra toujours diviser le multiplicande par le dénominateur de la fraction multiplicateur, et multiplier le résultat par le numérateur de cette fraction.*

Le multiplicateur étant moindre que l'unité, le pro-

(*) On est conduit à cet énoncé par une question qui se présente souvent : celle où l'on cherche le prix d'une quantité quelconque d'une chose, lorsqu'on connaît le prix de l'unité de cette chose. La question demeure évidemment la même, soit qu'il s'agisse d'une quantité plus grande ou plus petite que cette unité.

duit sera plus petit que le multiplicande, auquel il serait seulement égal si le multiplicateur était 1.

67. Si le multiplicande est un nombre entier divisible par 5, 35, par exemple, la cinquième partie sera 7; multipliant ce résultat par 4, on aura 28 pour les $\frac{4}{5}$ de 35, ou pour le produit de 35 par $\frac{4}{5}$. Si le multiplicande, toujours entier, n'est pas divisible exactement par 5, qu'il soit, par exemple, 32, la division par 5 donnera pour quotient 6 $\frac{2}{5}$; répétant ce quotient quatre fois, il viendra 24 $\frac{8}{5}$.

Ce résultat présente une fraction dans laquelle le numérateur surpasse le dénominateur, mais qui est facile à interpréter. En effet, l'expression $\frac{8}{5}$ désignant 8 parties dont 5 réunies composent l'unité, il s'ensuit que $\frac{8}{5}$ équivaut à l'unité, plus 3 cinquièmes d'unité, ou 1 $\frac{3}{5}$; ajoutant cette dernière partie aux vingt-quatre unités, on aura 25 $\frac{3}{5}$ pour la valeur des $\frac{4}{5}$ de 32.

68. L'exemple précédent nous a fait voir que la fraction $\frac{8}{5}$ renferme l'unité, ou *un entier* et $\frac{3}{5}$; et le raisonnement qui nous a donné cette conclusion montre de même que toute expression fractionnaire dont le numérateur surpasse le dénominateur, contient des unités ou des entiers, et qu'*on extrait ces entiers en divisant le numérateur par le dénominateur : le quotient donne le nombre des entiers contenus dans la fraction, et le reste mis en fraction est celle qui doit accompagner le nombre des entiers.*

L'expression $\frac{307}{53}$, par exemple, désignant 307 parties dont 53 composent l'unité, il y a dans la quantité que représente cette expression, autant d'unités que 307 contient de fois 53 : faisant la division, on obtient 5 pour quotient et 42 pour reste ; ces 42 sont des *cinquante-troisièmes* d'unité : ainsi, au lieu de $\frac{307}{53}$, on peut écrire 5 $\frac{42}{53}$.

69. L'expression $5\frac{42}{53}$, dans laquelle les entiers sont en évidence, étant composée de deux parties différentes, il est souvent utile de revenir à l'expression primitive $\frac{307}{53}$; c'est ce qu'on appelle *réduire un entier en fraction*.

Pour y parvenir, *il faut multiplier l'entier par le dénominateur, de la fraction qui l'accompagne, ajouter son numérateur au résultat, et donner à la somme le dénominateur de la même fraction*.

En effet, il faut d'abord convertir les cinq entiers en cinquante-troisièmes, ce qui s'effectuera en multipliant 53 par 5, puisque chaque unité doit contenir cinquante-trois parties; le résultat sera $\frac{265}{53}$: réunissant cette partie avec la seconde $\frac{42}{53}$, il viendra $\frac{307}{53}$.

70. Passons maintenant à la multiplication d'une fraction par une fraction.

Supposons qu'on ait à multiplier, par exemple, $\frac{2}{3}$ par $\frac{4}{5}$: d'après le n° 66, l'opération se réduit à diviser $\frac{2}{3}$ par 5, et à multiplier ensuite le résultat par 4; et par le tableau du n° 65, la première opération s'effectuera en multipliant le dénominateur 3 du multiplicande par 5, et la seconde en multipliant le numérateur 2 du multiplicande par 4, ce qui donnera pour le produit cherché $\frac{8}{15}$.

Il en serait de même de tout autre exemple; et on doit par conséquent conclure de ce qui précède, que *pour former le produit de deux fractions, il faut multiplier les numérateurs l'un par l'autre, et placer sous ce produit, celui des deux dénominateurs*.

71. Il peut arriver que l'on ait à multiplier les uns par les autres des entiers joints à des fractions, comme, par exemple, $3\frac{2}{7}$, $4\frac{3}{9}$. Le moyen le plus simple pour obtenir le produit, est de réduire les entiers en fractions,

suivant le procédé du n° 69 ; les deux facteurs seront exprimés alors par $\frac{26}{7}$, $\frac{44}{9}$, leur produit par $\frac{1144}{63}$ et par 18 $\frac{10}{63}$, en extrayant les entiers (68).

72. On donne quelquefois au produit de plusieurs fractions le nom de *fraction de fractions* : c'est dans ce sens qu'on dit *les $\frac{2}{3}$ de $\frac{4}{5}$*. Cette expression marque les $\frac{2}{3}$ de la quantité représentée par $\frac{4}{5}$ de l'unité primitive, et prise à son tour pour unité. On réduit ces deux fractions à une seule par la multiplication (70), et le résultat $\frac{8}{15}$ exprime la valeur de la quantité cherchée rapportée à l'unité primitive ; c'est-à-dire que les $\frac{2}{3}$ de la quantité représentée par les $\frac{4}{5}$ de l'unité, équivalent aux $\frac{8}{15}$ de cette unité. Si on voulait prendre les $\frac{2}{9}$ de ce résultat, cela reviendrait à prendre les $\frac{7}{9}$ des $\frac{2}{3}$ de $\frac{4}{5}$, et en réduisant ces fractions à une seule, on aurait $\frac{56}{135}$ pour la valeur de la quantité cherchée, rapportée à l'unité primitive.

73. Le mot *contenir* ne convient pas plus, en toute rigueur, aux différens cas que présente la division, que le mot *répéter* à ceux que présente la multiplication ; car on ne peut pas dire que le dividende contient le diviseur, lorsqu'il est moindre que ce dernier : cependant on s'exprime encore ainsi, mais seulement par analogie et par extension.

Pour généraliser la division, *il faut regarder le dividende comme composé avec le quotient de la même manière que le diviseur l'est avec l'unité*, puisque le diviseur et le quotient sont les deux facteurs du dividende (36). Cette considération se prête à tous les cas que peut offrir la division. En effet, lorsque le diviseur est 5, par exemple, le dividende est égal à 5 fois le quotient, et celui-ci est par conséquent la cinquième partie du dividende. Si le diviseur est une fraction, $\frac{1}{2}$, par exemple, le dividende ne doit être que la moitié du quotient, ou ce dernier doit être double de l'autre.

La définition que nous venons de poser conduit facilement à la manière d'opérer, lorsque le diviseur est une fraction. Prenons pour exemple $\frac{4}{5}$. Dans ce cas, le dividende doit être seulement les $\frac{4}{5}$ du quotient; mais $\frac{1}{5}$ étant le $\frac{1}{4}$ de $\frac{4}{5}$, on aurait donc $\frac{1}{5}$ du quotient en prenant le quart du dividende, ou en le divisant par 4. Connaissant par-là le $\frac{1}{5}$ du quotient, il n'y aurait qu'à prendre ce résultat 5 fois, ou à le multiplier par 5, pour obtenir le quotient. Dans cette opération, on divise le dividende par 4, et on multiplie le résultat par 5; c'est donc (66) comme si on avait pris les $\frac{5}{4}$ du dividende, ou comme si on avait multiplié le dividende par $\frac{5}{4}$, qui n'est autre chose que la fraction diviseur $\frac{4}{5}$ renversée.

Cet exemple montre donc qu'en général *pour diviser un nombre quelconque par une fraction, il faut le multiplier par cette fraction renversée.*

Soit pour exemple 9 à diviser par $\frac{3}{4}$; cela s'effectuera en multipliant 9 par $\frac{4}{3}$, et on trouvera $\frac{36}{3}$ ou 12. De même 13 à diviser par $\frac{5}{7}$ reviendra à 13 multiplié par $\frac{7}{5}$, ou à $\frac{91}{5}$. Le quotient cherché sera $18\frac{1}{5}$, en extrayant les entiers (68).

Il est visible que toutes les fois que dans le diviseur, le numérateur sera moindre que le dénominateur, le quotient surpassera le dividende, puisque le diviseur étant alors moindre que l'unité, doit être contenu dans le dividende un plus grand nombre de fois que l'unité, qui, prise pour diviseur, donne, dans tous les cas, un quotient exprimé par le dividende lui-même.

74. Lorsque le dividende est une fraction, l'opération revient à *multiplier* (70) *la fraction dividende par la fraction diviseur renversée.*

Soit $\frac{7}{8}$ à diviser par $\frac{2}{3}$; il faudra multiplier, d'après le numéro précédent, $\frac{7}{8}$ par $\frac{3}{2}$, ce qui donnera $\frac{21}{16}$.

Il est évident que l'opération ci-dessus peut encore être énoncée ainsi : *Pour diviser une fraction par une autre, il faut multiplier le numérateur de la première par le dénominateur de la seconde, et le dénominateur de la première par le numérateur de la seconde.*

S'il y avait des entiers joints aux fractions proposées, on les réduirait en fractions, et on appliquerait aux résultats la règle ci-dessus.

75. Il est important d'observer que l'on indique, par le moyen d'une expression fractionnaire, une division quelconque, soit qu'elle puisse s'opérer en nombres entiers, ou autrement. $\frac{36}{3}$, par exemple, exprime évidemment le quotient de 36 par 3, aussi bien que 12; car $\frac{1}{3}$ étant contenu trois fois dans l'unité, $\frac{36}{3}$ seront contenus trois fois dans 36 entiers, comme doit l'être le quotient de 36 par 3.

76. Il pourra sembler étrange que je me sois occupé de la multiplication et de la division des fractions avant d'avoir parlé de la manière de les ajouter et de les soustraire; mais j'ai suivi cet ordre, parce que la multiplication et la division des fractions s'opèrent immédiatement par les remarques énoncées dans le tableau de la page 43, au lieu que l'addition et la soustraction des fractions demandent une préparation préliminaire. Il n'est pas étonnant d'ailleurs qu'il soit plus facile de multiplier et de diviser les fractions que de les ajouter et de les soustraire, puisqu'elles proviennent de la division, qui tient de si près à la multiplication. On aura souvent occasion par la suite de se convaincre de cette vérité : que les opérations à faire sur des quantités sont d'autant plus faciles, qu'elles se rapprochent davantage de l'ori-

gine de ces quantités. Je passe maintenant à l'addition et à la soustraction des fractions.

77. Lorsque les fractions sur lesquelles on doit effectuer ces dernières opérations, ont le même dénominateur; comme elles ne renferment que des parties de même dénomination, et par conséquent de même grandeur, on peut les ajouter ou les soustraire de même que si c'était des unités, en observant de marquer au résultat la dénomination des parties dont il est composé.

Il est évident, en effet, que $\frac{2}{11}$ et $\frac{3}{11}$ font $\frac{5}{11}$, comme 2 quantités et 3 quantités de la même espèce, en font 5 de cette espèce, quelle qu'elle soit.

De même, la différence entre $\frac{3}{9}$ et $\frac{8}{9}$ est $\frac{5}{9}$, comme la différence entre 8 quantités et 3 quantités de même espèce est 5 quantités de cette espèce, quelle qu'elle soit.

On doit conclure de là, que *pour ajouter ou soustraire des fractions de même dénominateur, il faut prendre la somme ou la différence de leurs numérateurs, et donner au résultat le dénominateur commun.*

78. Quand les fractions proposées ont des dénominateurs différens, on ne peut plus réunir ensemble ou retrancher l'un de l'autre les nombres de parties dont elles sont composées, puisque ces parties sont de grandeur différente; et pour obvier à cet inconvénient, on fait subir à ces fractions une transformation qui les ramène·à des parties de même grandeur, en leur donnant un dénominateur commun.

Soit, par exemple, les fractions $\frac{2}{3}$ et $\frac{4}{5}$; si on multiplie par 5, dénominateur de la seconde, les deux termes de la première, on convertira cette première en $\frac{10}{15}$; multipliant ensuite par 3, dénominateur de la première, les deux termes de la seconde, on convertira cette seconde en $\frac{12}{11}$: on formera ainsi deux nouvelles expressions qui auront la même valeur que les fractions proposées (56).

Cette opération, nécessaire pour comparer les grandeurs respectives de deux fractions, ne consiste au fond, qu'à trouver, pour les exprimer, des parties de l'unité assez petites pour pouvoir etre contenues exactement dans chacune de celles dont se forment les fractions proposées. Il est visible, dans l'exemple ci-dessus, que la quinzième partie de l'unité peut mesurer exactement le $\frac{1}{3}$ et le $\frac{1}{5}$ de cette unité, puisque chaque $\frac{1}{3}$ contient cinq 15emes, et que chaque $\frac{1}{5}$ en contient trois. Le procédé appliqué aux fractions $\frac{2}{3}$ et $\frac{4}{5}$, réussirait également sur d'autres quelconques.

En général, *pour réduire au même dénominateur deux fractions quelconques, il faut multiplier les deux termes de chacune, par le dénominateur de l'autre.*

79. *On réduit à-la-fois au même dénominateur, un nombre quelconque de fractions, en multipliant les deux termes de chacune par le produit des dénominateurs de toutes les autres*; car il est évident que les nouveaux dénominateurs sont les memes, puisque chacun est formé du produit de tous les dénominateurs primitifs et que les nouvelles fractions sont de même valeur que les premières , puisqu'on n'a fait que multiplier les deux termes de celles-ci, par un même nombre (56).

La règle précédente conduit, dans tous les cas, au but qu'on s'est proposé ; mais lorsque les dénominateurs des fractions dont il s'agit, ne sont pas premiers entr'eux, il existe un dénominateur commun plus simple que celui qu'elle donne ; et on y parvient par des considérations analogues à celles des numéros précédens. Si l'on avait, par exemple, les fractions

$$\frac{2}{3}, \quad \frac{3}{4}, \quad \frac{5}{6}, \quad \frac{7}{8},$$

comme il ne s'agit pour les réduire au même dénominateur, que de diviser l'unité en parties qui soient contenues exactement dans celles dont ces fractions se forment, il suffira de trouver le plus petit nombre qui
puisse se diviser exactement par chacun de leurs dénominateurs 3, 6, 4, 8; et on le découvrira en essayant
sur les multiples de 3, les divisions par 6, 4 et 8 qui ne
réussissent en premier lieu que sur 24 : cela fait, il n'y
aura plus qu'à convertir les fractions proposées en 24èmes
de l'unité.

Pour effectuer cette opération, on cherchera successivement combien de fois les dénominateurs 3, 4, 6 et 8,
sont contenus dans 24 ; et les quotiens seront les nombres
par lesquels il faudra multiplier respectivement les deux
termes de chaque fraction, pour la ramener au dénominateur 24. On trouvera, ainsi que les deux termes de $\frac{2}{3}$
doivent être multipliés par 8, ceux de $\frac{3}{4}$ par 6, ceux de
$\frac{5}{6}$ par 4, ceux de $\frac{7}{8}$ par 3, et on formera les fractions

$$\frac{16}{24}, \quad \frac{18}{24}, \quad \frac{20}{24}, \quad \frac{21}{24}.$$

On trouvera dans l'algèbre des moyens pour faciliter
l'application de ce procédé.

80. Au moyen de la réduction au même dénominateur, l'addition et la soustraction des fractions s'effectuent comme dans le n° 77.

81. Lorsqu'on a en même temps des entiers et des
fractions, on convertit les premiers, s'ils sont seuls, en
fractions de même espèce que celles qu'on doit leur
ajouter ou en soustraire ; et s'ils sont accompagnés déjà
de fractions, on les réduit au même dénominateur que
ces dernières.

C'est ainsi que l'addition de 4 unités avec $\frac{2}{3}$ se change dans celle des fractions $\frac{12}{5}$ et $\frac{2}{5}$, et donne pour résultat $\frac{14}{5}$.

Pour ajouter $3\frac{2}{7}$ avec $5\frac{4}{9}$, on réduirait les entiers en fraction de même espèce que celle qui les accompagne, ce qui donnerait $\frac{23}{7}$, $\frac{49}{9}$; avec ces résultats, on trouverait $\frac{510}{63}$ ou $8\frac{46}{63}$: enfin, si l'on avait à retrancher $\frac{4}{5}$ de $3\frac{1}{4}$, on ramènerait cette opération à retrancher $\frac{4}{5}$ de $\frac{13}{4}$, et on aurait pour reste $\frac{49}{20}$.

82. La règle donnée précédemment pour la réduction des fractions au même dénominateur, suppose qu'un produit résultant des multiplications successives de plusieurs nombres entr'eux, ne change point, dans quelqu'ordre qu'on effectue ces multiplications. Cette vérité, qu'on regarde presque toujours comme évidente, a cependant besoin d'être démontrée.

Il faut commencer par prouver que multiplier un nombre par le produit de deux autres, c'est la même chose que de le multiplier d'abord par l'un d'eux, et de multiplier ensuite le produit résultant par l'autre. Au lieu de multiplier, par exemple, 3 par 35, produit des nombres 5 et 7, on aurait pu multiplier 3 par 5, et multiplier ensuite le produit de ces nombres par 7. La proposition serait évidente si, à la place du nombre 3, on prenait l'unité; car 1 multiplié par 5 donne 5, et le produit de 5 par 7 donne 35, aussi bien que le produit de 1 par 35 : mais 3, ou tout autre nombre, n'étant que l'assemblage de plusieurs unités, il n'arrivera à ce nombre que ce qui arrive à chacune des unités dont il est composé, c'est-à-dire que les produits de 3 par 5 et par 7, obtenus de l'une et de l'autre manière, étant, dans les deux cas, le triple des résultats que donne l'unité multipliée par 5 et par 7, seront nécessairement les mêmes. On prouverait de la même manière que si on avait à multiplier 3 par le produit des nombres 5, 7 et

9, cela reviendrait à multiplier 3 par 5, puis le produit trouvé par 7, et ce dernier produit par 9, et ainsi de suite, en quelque nombre que soient les facteurs.

Pour indiquer d'une manière abrégée plusieurs multiplications successives, telles que celles des nombres 3, 5 et 7 entr'eux, nous écrirons 3 par 5 par 7.

Cela posé, dans le produit 3 par 5 on peut changer l'ordre des facteurs 3 et 5 (27), et on aura encore le même produit. Il suit immédiatement de là que 5 par 3 par 7 est la même chose que 3 par 5 par 7.

On peut aussi changer l'ordre des facteurs 3 et 7 dans le produit 5 par 3 par 7; puisque ce produit équivaut à 5 multiplié par le produit des nombres 3 et 7 ; on aura donc encore dans 5 par 7 par 3 le même produit que les précédens.

En rapprochant les trois combinaisons,

$$3 \text{ par } 5 \text{ par } 7$$
$$5 \text{ par } 3 \text{ par } 7$$
$$5 \text{ par } 7 \text{ par } 3,$$

on voit que le facteur 3 s'est trouvé successivement le premier, le second et le troisième, et qu'il pourrait en être de même de l'un quelconque des deux autres. Cet exemple, dans lequel on n'a point considéré la valeur particulière de chaque nombre, doit prouver qu'un produit de trois facteurs ne change point, quelqu'ordre qu'on établisse dans les multiplications.

Si l'on avait un produit de quatre facteurs, tel que 3 par 5 par 7 par 9, on pourrait, d'après ce qui vient d'etre dit, arranger comme on voudrait les trois premiers ou les trois derniers, et faire ainsi passer par toutes les places l'un quelconque de ces facteurs. Considérant ensuite un des arrangemens résultans de ces permutations, par exemple celui-ci, 5 par 7 par 3 par 9, on pourrait intervertir l'ordre des deux derniers facteurs, ce qui donnerait 5 par 7 par 9 par 3, et mettrait 3 à la dernière place. On étendra sans peine ces raisonnemens à tel nombre de facteurs qu'on voudra.

Des fractions décimales.

83. Quoiqu'on puisse par les règles précédentes, effectuer dâns tous les cas sur les fractions, les quatre opérations fondamentales de l'arithmétique ; on a dû sentir de bonne heure, que si l'on avait assujéti à une même loi de décroissement, les diverses subdivisions de l'unité, qu'on emploie pour mesurer les quantités plus petites que cette unité, le calcul des fractions serait devenu beaucoup plus commode par la facilité qu'on aurait eu à les convertir les unes dans les autres. En prenant cette loi conforme à la base de notre système de numération, on a donné au calcul le plus grand degré de simplicité auquel il soit possible d'atteindre, et voici comment :

On a vu dans le n° 3, que chacune des collections d'unité, contenues dans un nombre, se compose de dix unités de l'ordre précédent, comme la dixaine se forme des unités simples ; mais rien ne s'oppose à ce qu'on regarde cette unité simple, comme contenant dix parties dont chacune sera un *dixième*.

Le dixième, comme contenant dix parties, dont chacune sera un *centième*.

Le centième contenant dix parties, dont chacune sera un *millième*, ainsi de suite.

De cette manière on peut parvenir à des quantités aussi petites que l'on voudra, et au moyen desquelles on

pourra

pourra par conséquent mesurer des quantités, quelque petites qu'elles soient.

Ces fractions qu'on nomme *décimales*, parce qu'elles sont composées des parties de l'unité de dix en dix fois plus petites, se convertissent, les unes dans les autres, de la même manière que les *dixaines*, les *centaines*, les *mille*, etc. se convertissent en unités. En effet,

> l'unité valant 10 dixièmes,
> le dixième 10 centièmes,
> le centième 10 millièmes,

il en résulte que le dixième vaut 10 fois 10 millièmes ou 100 millièmes.

Par exemple, 2 dixièmes, 3 centièmes et 4 millièmes, seront équivalens à 234 millièmes, comme 2 centaines, 3 dixaines et 4 unités, font 234 unités; et il en sera de même dans tout autre cas, puisque la subordination des parties de l'unité est semblable à celle des unités des divers ordres.

84. Par cette remarque, on peut, au moyen des chiffres, écrire les fractions décimales de la même manière que les nombres entiers ; puisque d'après la convention qui rend dix fois plus petite la valeur d'un chiffre mis à la droite d'un autre, les *dixièmes* trouvent naturellement leur place à la droite des unités, puis les *centièmes* à la droite des dixièmes, et ainsi de suite : mais pour empêcher que l'on ne puisse confondre les chiffres qui expriment des parties décimales, avec ceux qui représentent des unités entières, on met une virgule à la droite des unités. Pour exprimer, par exemple, 34 unités et 27 centièmes, on écrira 34, 27. S'il n'y avait pas d'unités, on remplirait leur place par un zéro, et on ferait de même pour toutes les parties décimales

E

qui pourraient manquer entre celles qui sont énoncées dans le nombre proposé.

Ainsi 19 centièmes s'écrivent 0,19

$$304 \text{ millièmes} \qquad 0,304,$$
$$3 \text{ milllèmes} \qquad 0,003.$$

85. Si l'on rapproche les expressions des fractions décimales ci-dessus, des suivantes $\frac{19}{100}$, $\frac{304}{1000}$, $\frac{3}{1000}$, qu'on tirerait de la manière de représenter, en général, une fraction, on verra *que pour représenter sous la forme entière une fraction décimale, écrite comme une fraction ordinaire, il faut prendre tel qu'il est le numérateur de cette fraction, et le placer de manière qu'il y ait après la virgule, autant de chiffres qu'il y a de zéros à la suite de l'unité dans le dénominateur.*

Réciproquement, pour ramener une fraction décimale, présentée sous la forme d'un entier à celle d'une fraction ordinaire, il faut donner pour dénominateur aux chiffres qu'elle contient, l'unité suivie d'autant de zéros qu'il y a de chiffres à la droite de la virgule.

C'est ainsi que les fractions 0,56, 0,036, se changent en $\frac{56}{100}$ et $\frac{36}{1000}$.

86. *L'expression en chiffres des nombres contenant des parties décimales, se lit, en énonçant d'abord les chiffres placés à la gauche de la virgule, puis ceux qui sont à la droite, et en ajoutant au dernier de ceux-ci, la dénomination des parties qu'il représente;* le nombre 26,736 s'énonce 26 unités 736 millièmes.

Le nombre 0,0673, s'énonce 673 dix-millièmes, enfin 0,0000673, s'énonce 673 dix-millionièmes.

87. Les chiffres décimaux ne tirant leur valeur que du rang qu'ils occupent par rapport à la virgule, il est

indifférent d'écrire ou d'effacer sur leur droite tel nombre de zéros qu'on voudra. Par exemple, 0,5 est la même chose que 0,50 ; 0,784, la même chose que 0,78400 ; car dans le premier cas, le nombre qui exprime la fraction décimale est devenu dix fois plus grand, mais les parties sont devenues des centièmes, et par conséquent dix fois plus petites qu'elles n'étaient d'abord ; dans le second cas, le nombre qui exprime la fraction est devenu cent fois plus grand, mais les parties étant devenues des cent-millièmes, sont cent fois plus petites qu'elles n'étaient d'abord : cette transformation revient donc à celle qu'on opère sur une fraction ordinaire, lorsqu'on multiplie ou qu'on divise ses deux termes par le même nombre.

88. L'addition des fractions décimales et des nombres qui en sont accompagnés, ne demande pas d'autre règle que celle des nombres entiers, puisque les parties décimales se composent les unes des autres en allant de droite à gauche, de la même manière que les unités entières.

Soient, pour exemple, 0,56, 0,003, 0,958, en les disposant comme il suit :

$$0,56$$
$$0,003$$
$$0,958$$

Somme.......1,521.

On trouve par la règle du n° 12 que leur somme est 1,521.

Soient encore les nombres 19,35, 0,3, 84,5 et 110,02, qui contiennent des unités entières, on les disposerait ainsi :

$$19,35$$
$$0,3$$
$$84,5$$
$$110,02$$

Somme........214, 17.

et l'on trouverait de même que leur somme est 214, 17.

En général, *l'addition des nombres décimaux se fait comme celle des nombres entiers, en observant de placer à la somme, la virgule dans la même colonne où se trouvent toutes celles des nombres à ajouter.*

89. Les règles prescrites pour la soustraction des nombres entiers, conviennent aussi, comme on va le voir, aux nombres décimaux. Soit, par exemple, 0,3697, à retrancher de 0,62 ; on observera d'abord que le second nombre, qui ne contient que des centièmes, tandis que le premier renferme des dix-millièmes, peut aussi être converti en dix-millièmes en mettant deux zéros à la droite (87), ce qui le change en 0,6200. On disposera ensuite l'opération comme ci-dessus.

$$0,6200$$
$$0,3697$$

Différence......0,2503.

et par la règle du n° 17 , on trouvera une différence de 0,2503.

Soit encore le nombre 7,364 à ôter de 9, 1457, l'opération étant disposée ainsi :

$$9,1457$$
$$7,3640$$

Différence......1,7817,

en trouve la différence marquée ci-dessus. Il eût été égal de ne pas mettre de zéro à la suite du nombre à retrancher, pourvu qu'on eût placé ses divers chiffres au-dessous de ceux qui marquent dans le premier nombre, des ordres d'unités ou des parties correspondantes.

En général, *la soustraction des nombres décimaux s'opère comme celle des nombres entiers, pourvu qu'on rende le nombre des chiffres décimaux, le même dans les deux nombres proposés, · écrivant à la droite de celui qui en a le moins, autant de zéros qu'il est nécessaire; et on place à la différence une virgule dans la colonne où se trouvent celles des nombres proposés.*

Les preuves de l'addition et de la soustraction des nombres décimaux se font absolument comme celles des mêmes opérations sur les nombres entiers.

90. La virgule séparant les collections d'unités entières des parties décimales, son déplacement change nécessairement la valeur du nombre total. En la reculant vers la droite, on fait passer dans la partie entière des chiffres qui se trouvaient dans la partie fractionnaire ; on augmente par conséquent la valeur totale du nombre proposé. Au contraire, en avançant la virgule vers la gauche, on fait passer dans la partie fractionnaire des chiffres qui se trouvaient dans la partie entière, et par conséquent on diminue la valeur totale du nombre proposé.

Le premier changement rend le nombre proposé dix, cent, mille, etc., fois plus grand, suivant qu'on recule la virgule d'un, deux ou trois rangs vers la droite, parce que chaque fois qu'on recule ainsi la virgule d'un rang, tous les chiffres, comparés à cette virgule, avancent d'un rang vers la gauche et pren-

3

nent par conséquent une valeur dix fois plus grande que celle qu'ils avaient d'abord.

Si par exemple, dans le nombre 134,28 , on porte la virgule entre le 2 et le 8 , on aura 1342,8 ; les centaines seront devenues des mille , les dixaines des centaines , les unités des dixaines, les dixièmes des unités , et les centièmes des dixièmes. Toutes les parties du nombre étant devenues dix fois plus grandes , c'est comme si on l'avait décuplé ou multiplié par dix.

Le second changement rend le nombre proposé dix , cent, mille, etc. fois plus petit , selon qu'on avance la virgule d'un, deux, trois, etc. rangs vers la gauche, parce que chaque fois qu'on avance ainsi la virgule d'une place , tous les chiffres comparés à cette virgule, reculent d'un rang vers la droite , et prennent par conséquent une valeur dix fois plus petite que celle qu'ils avaient d'abord.

Si dans lénombre 134,28, on porte la virgule entre le 3 et le 4, on aura 13,428; les centaines sont devenues des dixaines , les dixaines des unités , les unités des dixièmes, les dixièmes des centièmes , les centièmes des millièmes. Toutes les parties du nombre étant devenues dix fois plus petites , c'est comme si l'on en avait pris le dixième ou qu'on l'eût divisé par dix.

91. Il est facile de prévoir , d'après les considérations précédentes , l'avantage que les fractions décimales ont sur les fractions ordinaires ; toutes les multiplications ou les divisions qu'il faut opérer par le dénominateur de celles-ci , s'effectuent dans les autres par l'addition , la suppression d'un certain nombre de zéros , ou par le simple déplacement de la virgule. En adoptant ces modifications à la théorie des fractions ordinaires , on en déduit sur-le-champ celle des fractions décimales, et la manière d'effectuer la multiplication et la division sur ces fractions ; mais on peut y arriver directement par les considérations suivantes :

Je supposerai d'abord que le multiplicande seul ait des chiffres décimaux. Si on y fait abstraction de la virgule, il deviendra dix, cent, mille, etc. fois plus grand, suivant le nombre de ses chiffres décimaux, et le produit que donnera dans ce cas la multiplication, sera un pareil nombre de fois plus grand que celui qu'on cherchait : on obtiendra donc ce dernier en divisant l'autre par dix, cent, mille, etc. ; ce qui s'effectuera en séparant sur la droite (90), autant de chiffres décimaux qu'il y en avait dans le multiplicande.

Si, par exemple, on avait à multiplier 34,137 par 9, on formerait d'abord le produit de 34137 par 9, ce qui donnerait 307233 ; et comme la suppression de la virgule aurait rendu le multiplicande mille fois plus grand qu'il n'était, il faudrait diviser par mille le produit trouvé, ou séparer par une virgule ses trois derniers chiffres à droite, on aurait ainsi 307,233.

En général, *pour multiplier par un nombre entier un nombre accompagné de chiffres décimaux, on fait abstraction de la virgule dans celui-ci ; mais on sépare sur la droite du produit autant de chiffres décimaux que le multiplicande en contenait.*

92. Lorsque le multiplicateur contient des chiffres décimaux, et qu'on y fait abstraction de la virgule, on le rend dix, cent, mille, etc. fois plus grand selon le nombre de ses chiffres décimaux ; en l'employant dans cet état, il donnera évidemment un produit dix, cent, mille, etc. fois plus grand que celui qu'on aurait dû avoir, et qu'on obtiendra par conséquent en divisant le premier par l'un de ces nombres ; c'est-à-dire, en séparant sur la droite du produit autant de chiffres décimaux qu'en contient le multiplicateur, ou en avançant d'un pareil nombre de places, vers la gauche (90), la virgule qui se trouverait dans le produit, si le multiplicande avait aussi des décimales.

Soit pour exemple 172,84 à multiplier par 36,003 ; en faisant abstraction de la virgule dans le multiplicateur seulement, on aurait, d'après le numéro précédent, le produit 6222758,52 ; mais le multiplicateur se trouvant mille fois plus grand qu'il n'aurait dû l'etre, il faudra diviser ce produit par mille, ou avancer la virgule de trois places vers la gauche, ce qui donnera 6222,75852 pour le produit demandé, dans lequel il se trouvera par conséquent autant de chiffres décimaux qu'il y en a, tant dans le multiplicande que dans le multiplicateur.

En général, *pour multiplier l'un par l'autre deux nombres accompagnés de chiffres décimaux, on fera abstraction de la virgule dans l'un et dans l'autre ; mais on séparera sur la droite du produit, autant de chiffres décimaux qu'ils en contiennent tous deux.*

Dans certains cas, il faut mettre un ou plusieurs zéros sur la gauche du produit, pour lui donner le nombre de chiffres décimaux qu'il doit avoir suivant la règle précédente. Si l'on avait, par exemple, 0,624 à multiplier par 0,003, en formant d'abord le produit de 624 par 3, on aurait le nombre 1872 qui ne contient que quatre chiffres, et comme il faudrait séparer 6 chiffres décimaux, on ne pourrait le faire qu'en mettant à la gauche de ce nombre trois zéros, dont un tiendra la place des unités, ce qui ferait 0,001872.

93. Il est évident   36) que le quotient de deux nombres ne dépend point de la grandeur absolue de leurs unités, pourvu que ce soit la même dans l'un et dans l'autre. S'il s'agissait donc de diviser 451,49 par 13, on observerait que le premier revient à 45159 centièmes et le second à 1300 centièmes et que ces derniers nombres doivent donner le meme quotient que s'ils exprimaient des unités entières. On serait con—

duit ainsi à supprimer la virgule dans le premier des nombres proposés et à mettre deux zéros à la suite du second ; et on n'aurait plus à diviser que le nombre 45149 par 1300, ce qui donnerait pour quotient $34\frac{49}{1300}$.

On conclura de là, que *pour diviser par un nombre entier, un nombre accompagné de chiffres décimaux, il faut supprimer la virgule dans celui-ci, mettre à la suite de l'autre autant de zéros que ce dividende contenait de chiffres décimaux, et il n'y aura rien à changer au quotient.*

94. Lorsque le dividende et le diviseur sont tous deux accompagnés de chiffres décimaux, on doit, avant de faire abstraction de la virgule, les ramener à des décimales de même ordre, en mettant à la suite de celui des deux nombres qui a le moins de chiffres décimaux, assez de zéros pour qu'il se termine au même ordre de décimales que l'autre, parce qu'alors la suppression de la virgule les rend tous deux le même nombre de fois plus grands.

Soit, par exemple, 315,432 à diviser par 23,4 ; on changera ce dernier nombre en 23,400, et on divisera ensuite 315432 par 23400 : le quotient sera $13\frac{11232}{23400}$.

Ainsi, *pour diviser l'un par l'autre, deux nombres accompagnés de chiffres décimaux, on met à la suite de celui qui en a le moins, autant de zéros qu'il en faut pour que le nombre des chiffres décimaux soit le même dans le dividende et dans le diviseur ; on fait alors abstraction de la virgule, et il n'y a rien à changer au quotient.*

95. Comme on n'a recours aux décimales que pour éviter l'emploi des fractions ordinaires, il est naturel de s'en servir pour approcher des quotiens qu'on ne peut obtenir exactement, ce qui se fait en convertissant en dixièmes, centièmes, millièmes, etc. le reste, afin

qu'il puisse contenir le diviseur, comme on le voit dans l'exemple ci-dessous.

$$
\begin{array}{r|l}
45149 & 1300 \\
6149 & \overline{34,73.} \\
\text{Reste} \ldots \ldots 949 & \\
\text{dixièmes} \ldots \ldots 9490 & \\
\text{centièmes} \ldots \ldots 3900 & \\
0000 &
\end{array}
$$

Lorsqu'on est parvenu au reste 949, on y joint un zéro pour le multiplier par dix, ou le convertir en dixièmes ; on forme alors un nouveau dividende partiel composé de 9490 dixièmes, et donnant pour quotient 7 dixièmes qu'on écrit à la droite des unités, après avoir mis une virgule. Il reste encore 390 dixièmes que l'on réduit en centièmes, par l'addition d'un nouveau zéro, ce qui forme un second dividende composé de 3900 centièmes, et donnant au quotient 3 centièmes qu'on place à la suite des dixièmes. L'opération se termine là, et l'on a pour résultat exact 34,73 centièmes. Si elle avait laissé un troisième reste, on l'aurait poussée plus loin, en convertissant ce reste en millièmes, et en continuant toujours de même jusqu'à ce qu'on fût parvenu à un quotient exact ou à un reste composé de parties assez petites pour qu'on pût les regarder comme de nulle importance.

Il n'est pas nécessaire d'insister sur le placement de la virgule après les unités entières du quotient pour la distinguer des chiffres décimaux, dont le nombre doit être égal à celui des zéros successivement écrits à la suite des restes (*).

(*) L'opération que l'on vient d'effectuer sur les décimales n'est qu'un cas particulier de cette autre plus générale : *Evaluer le quotient d'une division en fractions d'une espèce donnée*, ce qui se

96. Le numérateur d'une fraction étant converti en parties décimales pourra se diviser par le dénominateur, comme dans l'exemple précédent, et par ce moyen la fraction sera convertie en décimales. Soit, pour exemple, la fraction $\frac{1}{8}$; on opérera comme ci-dessous.

$$
\begin{array}{r|l}
1 & 8 \\
\hline
10 & 0{,}125. \\
20 & \\
40 &
\end{array}
$$

Soit encore la fraction $\frac{4}{797}$; il faut d'abord convertir le numérateur en millièmes avant de pouvoir commencer la division écrite plus bas.

$$
\begin{array}{r|l}
4 & 797 \qquad (^{*}) \\
\hline
4000 & 0{,}005018 \\
1500 & \\
7030 & \\
654 &
\end{array}
$$

97. Quelque loin qu'on pousse cette dernière division,

---

fait en convertissant le dividende en fractions de la même espèce, en le multipliant par le dénominateur donné. Ainsi, pour évaluer en quinzièmes le quotient de 7 par 3, on multipliera 7 par 15, et on divisera le produit 105 par 3 ; on aura 35 quinzièmes ou $\frac{35}{15}$ pour le quotient demandé.

(*) On peut aussi se proposer de convertir une fraction donnée en fraction d'une autre espèce, mais plus petite que la première ; de transformer, par exemple, $\frac{3}{4}$ en dix-septièmes ; c'est à quoi l'on parviendra en multipliant 3 par 17, et divisant le produit par 4 : on trouvera de cette manière $\frac{51}{4}$ de dix-se;ème, ou $\frac{13}{17}$ et $\frac{1}{4}$ de dix-septième, ce qui équivaut à $\frac{1}{68}$. Le résultat $\frac{13}{17}$ est donc approché à $\frac{1}{68}$ près.

Cette opération, et celle de la note précédente, reposent sur le même principe que l'opération correspondante dans le système décimal.

on n'obtiendra jamais un quotient exact, parce que la fraction $\frac{4}{797}$ ne peut, comme la fraction $\frac{1}{8}$, s'exprimer rigoureusement avec les décimales.

Cette différence tient à ce que le dénominateur de la fraction qui ne divise point son numérateur, ne peut donner un quotient exact que lorsqu'il divise l'un des nombres 10, 100, 1000, etc. par lesquels on multiplie successivement son numérateur, parce que c'est un principe qu'on trouvera démontré dans l'Algèbre, que tout nombre ne peut diviser un produit, qu'autant que ses facteurs divisent ceux de ce produit. Or les nombres 10, 100, 1000, etc. étant tous formés du nombre 10, dont les facteurs sont 2 et 5, ne sont divisibles que par des nombres formés de ces mêmes facteurs ; 8 est dans ce cas, puisqu'il résulte de 2 par 2 par 2.

Les fractions qui ne peuvent pas s'évaluer rigoureusement par des décimales, offrent dans leur expression approchée, lorsqu'on la pousse assez loin, un caractère qui sert à les faire retrouver ; c'est le retour périodique des mêmes chiffres.

Si l'on convertit en décimales la fraction $\frac{12}{37}$, on trouvera 0,324324...... et les chiffres 2, 3, 4, reviendront toujours dans le même ordre, sans que l'opération puisse jamais s'arrêter.

En effet, comme il ne peut y avoir pour reste, dans chaque division, que l'un des nombres compris entre l'unité et celui qui précède le diviseur, il faut nécessairement, que quand on aura fait un plus grand nombre de divisions, on retombe sur quelqu'un des restes précédens, et que, par conséquent, les dividendes partiels reviennent dans le même ordre. Dans l'exemple ci-dessus, trois divisions suffisent pour amener ce retour, mais il en faudrait six, pour la fraction $\frac{1}{7}$. La fraction $\frac{1}{3}$ conduit à 0,3333.....

98. Les fractions qui ont pour dénominateur un nombre quelconque de 9, n'ont dans leur période que le chiffre significatif 1, la fraction

$$\frac{1}{9} \text{ donne } 0,1111\ldots\ldots$$
$$\frac{1}{99}\ldots\ldots 0,010101\ldots\ldots$$
$$\frac{1}{999}\ldots\ldots 0,001001001\ldots\ldots$$

et ainsi des autres, puisque chaque division partielle s'effectuant sur les nombres 10, 100, 1000, etc. laisse toujours pour reste l'unité.

En profitant de cette remarque, on passe aisément d'une fraction décimale périodique, à la fraction ordinaire dont elle dérive. On voit, par exemple, que 0,3333.... revient à la fraction 0,11111..... multipliée par 3; et comme cette dernière est le développement de $\frac{1}{9}$, on en conclut que la première est celui de $\frac{1}{9}$ multiplié par 3, ou de $\frac{3}{9}$ ou enfin de $\frac{1}{3}$.

Quand il s'agit de fractions dont la période est composée de deux chiffres, on les compare au développement de $\frac{1}{99}$, à celui de $\frac{1}{999}$ lorsque leur période renferme trois chiffres, et ainsi de suite.

Soit pour exemple 0,324324.....; il est évident que cette fraction se formerait en multipliant 0,001001.... par le nombre 324; en multipliant donc $\frac{1}{999}$, dont celle-ci est le développement, par 324, on aura $\frac{324}{999}$ pour le développement de la première.

En général, *la fraction ordinaire d'où résulte une fraction décimale se forme en écrivant comme dénominateur sous le nombre qu'exprime une période, autant de 9 qu'il y a de chiffres dans cette période.*

Si la périodicité de la fraction ne commençait pas au premier chiffre décimal, on pourrait transporter pour un moment la virgule, immédiatement avant son premier chiffre, et évaluer la fraction à partir de ce chiffre seulement, en considérant comme des unités ceux qui sont à gauche; il n'y aurait plus ensuite qu'à diviser le résultat par 10, 100, 1000, etc. d'après le nombre de places dont on aurait reculé la virgule vers la droite.

La fraction 0,324141....., par exemple, s'écrira d'abord ainsi 32,4141.....; la partie 0,4141..... répondant à $\frac{41}{99}$, on aura le résultat $32\frac{41}{99}$, qu'il faudra diviser par 100, puisque la virgule a été reculée de deux places vers la droite, et il viendra en conséquence $\frac{32}{100}$ et $\frac{41}{9900}$, ou en réduisant au même dénominateur $\frac{3209}{9900}$, fraction qui reproduirait le développement proposé.

Pour se former une idée bien exacte de la nature de ces expressions, il suffit de considérer la fraction 0,999.... En cherchant à remonter à sa valeur primitive, on trouve qu'elle répond à 9 divisé par 9, ce qui n'est autre chose que l'unité ; cependant, quel que soit le nombre des chiffres auquel on s'arrête dans son expression, on ne formera jamais l'unité. Si l'on se borne au premier, il s'en faudra de $\frac{1}{10}$, au second de $\frac{1}{100}$, au troisième de $\frac{1}{1000}$, et ainsi de suite : ensorte que l'on peut arriver aussi près de l'unité que l'on voudra, mais sans jamais l'atteindre. L'unité n'est donc ici qu'une *limite* dont l'expression 0,999..... approche d'autant plus qu'on y insère plus de chiffres.

99. Ce qui précède renferme les règles vraiment essentielles de l'arithmétique des nombres abstraits ; mais pour les appliquer aux usages de la société, il faut connaître les diverses unités dont on se sert pour comparer entr'elles, ou évaluer les quantités sous quelque forme qu'elles se présentent. Ces unités qui sont les *mesures* en usage, ont varié avec les temps et les lieux ; leur enchaînement ne s'est formé que peu à peu, selon

que le besoin et le progrès des arts et des sciences ont
obligé de mettre plus d'exactitude dans l'appréciation
des matières, dans la construction des instrumens.

Après avoir montré pendant long-temps les inconvéniens d'un système composé de parties incohérentes, et
dont le défaut de liaison mettait dans les calculs une
complication inutile et même nuisible à l'instruction générale, les plus illustres savans français ont enfin obtenu l'établissement de nouvelles mesures liées entr'elles, assujéties à la marche du système de numération, prises immédiatement sur les dimensions du globe
que nous habitons, et sur la plus répandue des subs-
tances qu'il nous présente. L'étendue de ce Traité et la
place qu'il occupe dans l'enseignement ne me permet-
tent pas de présenter l'extrait de tous les travaux scien-
tifiques exécutés pour l'établissement de ce système,
et qui en font le plus beau des monumens élevé à la
gloire des sciences et à l'utilité publique dans le siècle
dernier; je me bornerai à en exposer sommairement les
principes et l'usage.

Exposition du nouveau système métrique, et applications usuelles de l'Arithmé-tique.

100. Les mesures prennent des formes et des noms
différens, suivant l'espèce de grandeurs à laquelle on
les applique. Ces grandeurs peuvent être classées
ainsi :

Les longueurs d'où naissent les mesures linéaires.

Les superficies ou les aires.

Les volumes ou les capacités, par lesquelles on compare entr'eux les corps, soit solides, soit liquides.

Enfin les pesanteurs ou les poids, qui servent aussi à
la comparaison des corps.

L'unité de longueur ou l'unité linéaire s'appelle *mètre.*

L'unité de volume est le *stère* ou *mètre cube* (*).

L'unité de capacité se nomme *litre.*

L'unité de poids se nomme *gramme.*

Pour composer des mesures plus grandes ou plus petites que les précédentes, on se sert des mots *myria, kilo, hecto, déca, deci, centi, milli, etc.* tirés du grec et du latin, et qui désignent respectivement des dixaines de mille, des mille, des centaines, des dixaines, des dixièmes, des centièmes, des millièmes, etc. Les mesures de longueur forment donc la série suivante : *myriamètre, kilomètre, hectomètre, décamètre,* MÈTRE, *décimètre, centimètre, millimètre, etc.*

Chacune de ces mesures est dix fois plus grande que celle qui la suit, et dix fois plus petite que celle qui la précède immédiatement dans l'ordre de la série.

2°. Le *litre* est une mesure de capacité ; sa contenance équivaut au décimètre cube.

Les noms des mesures de capacité se composent comme ceux des mesures de longueur : ainsi on dira : *hectolitre, décalitre, litre, décilitre, centilitre, etc.*

3°. Le *gramme* est un poids égal au poids d'un centimètre cube d'eau pure (**). Le *myriagramme,* le *kilogramme,* l'*hectogramme,* le *décagramme,* le *gramme,* le *décigramme,* le *centigramme, etc.,* forment une série décimale, de même que les autres mesures.

(*) On nomme *cube* un corps terminé par six faces quarrées et égales.

(**) Pour obtenir plus d'exactitude dans la détermination de cette unité, on s'est servi d'eau distillée, qu'on a ramenée à son *maximum* de densité, par un refroidissement convenable.

4°.

TABLEAU DES MESURES DÉCIMALES,

Montrant le système méthodique de leur nomenclature.

RAPPORTS DES MESURES de chaque espèce A LEUR MESURE PRINCIPALE.		PREMIÈRE PARTIE du nom qui indique le rapport à la mesure principale.	MESURES PRINCIPALES					EXEMPLES DES NOMS COMPOSÉS pour exprimer différentes unités de mesure
EN LETTRES.	EN CHIFFRES.		DE LONGUEUR.	DE CAPACITÉ.	DE POIDS.	AGRAIRE.	POUR LE BOIS de chauffage.	
Dix mille...	10000	Myria......(M.)						MYRIAMÈTRE, longueur de dix mille mètres.
Mille.......	1000	Kilo........(K.)						KILOGRAMME, poids de mille grammes.
Cent.......	100	Hecto.......(H.)						HECTARE, mesure agraire de cent ares.
Dix........	10	Déca.......(D.)	MÈTRE (mè.)	LITRE (li.)	GRAMME (gr.)	ARE (ar.)	STÈRE (st.)	DÉCALITRE, mesure de capacité de dix litres.
Un.........	1	....						DÉCIMÈTRE, dixième partie du mètre.
Un dixième.	0,1	Déci.......(d.)						CENTIGRAMME, centième partie du gramme.
Un centième.	0,01	Centi.......(c.)						
Un millième.	0,001	Milli.......(m.)						
Rapports des mesures principales entre elles et avec la grandeur du Méridien.			Dix millionième partie de la distance du pôle à l'équateur.	Un décimètre cube.	Poids d'un centimètre cube d'eau distillée.	Cent mètres quarrés.	Un mètre cube.	

Nota. Plusieurs composés, tels que *décaare*, *kiloare*, et tous ceux qui sont formés avec le stère, ne sont point d'usage.

L'unité monétaire s'appelle FRANC.

Le franc se divise en dix DÉCIMES,

Et le décime en dix CENTIMES.

La valeur du franc est celle d'une pièce d'argent à neuf dixièmes de fin, pesant cinq grammes.

4°. L'*are* est une mesure de superficie égale au décamètre quarré, c'est-à-dire à un quarré dont le côté serait un décamètre, ou bien encore à cent mètres quarrés. Il n'y a que deux multiples de l'are qui paraissent avoir quelque utilité; l'un est *l'hectare*, qui vaut cent *ares*; l'autre est le *myriare*, qui en vaut dix mille.

5°. Le *stère* pour les bois de chauffage est un mètre cube, ce qui suppose des bûches de la longueur d'un mètre, placées dans un châssis quarré, d'un mètre de côté, ou tout autre arrangement équivalent. Les composés du stère ne paraissent pas devoir servir aux usages ordinaires.

6°. Enfin les unités de monnaie sont connues maintenant sous le nom de *franc*, de *décime*, de *centime*. Leurs valeurs relatives sont également de dix en dix fois plus petites.

Le franc a été formé sur une pièce d'argent du poids de 5 grammes, et alliée de $\frac{1}{10}$ de cuivre (*).

Le tableau ci-joint est très-propre à faire sentir les avantages de l'uniformité introduite dans la nomenclature des multiples et des subdivisions des mesures prises pour unités. A côté de chaque nom se trouve, entre parenthèses, l'abréviation proposée par le citoyen Dillon, vérificateur général des poids et mesures.

101. Toutes les questions dans lesquelles il s'agit de réunir en un seul plusieurs nombres d'une même espèce de mesures, se rapportent évidemment à l'addition.

(*) Un caractère essentiel qui assure à ce système la supériorité sur tout ce qui a été fait en ce genre, c'est que toutes les mesures sont liées entr'elles, et ont un rapport immédiat avec les dimensions mêmes du sphéroïde terrestre. Le mètre est la dix-millionième partie de la distance du pôle à l'équateur, comptée sur le méridien qui passe à Paris. L'arc de ce méridien, qui traverse la France, ayant été mesuré avec une exactitude inconnue jusqu'ici, et calculé avec la plus grande précision par les méthodes du citoyen Delambre, on en a conclu la distance qui se trouve entre le pôle et l'équateur, d'après laquelle on a formé le mètre.

F

CIMALES,

RAP... LES		EXEMPLES
A L...		DES NOMS COMPOSÉS
		pour exprimer
EN L'	POUR LE BOIS de chauffage.	différentes unités de mesures.
Dix ...		MYRIAMÈTRE, longueur de dix mille mètres.
Mill...		KILOGRAMME, poids de mille grammes.
Cent		HECTARE, mesure agraire de cent ares.
Dix...	STÈRE (st.)	DÉCALITRE, mesure de capacité de dix litres.
Un..		DÉCIMÈTRE, dixième partie du mètre.
Un ...		CENTIGRAMME, centième partie du gramme.
Unc...		
Un n...		
		————
		Nota. Plusieurs composés, tels que *décaare*, *kiloare*, et tous ceux qui sont formés avec le stère, ne sont point d'usage.
Ravi...	Un mètre cube.	L'unité monétaire s'appelle FRANC.
		Le franc se divise en dix DÉCIMES,
		Et le décime en dix CENTIMES.
		La valeur du franc est celle d'une pièce d'argent à neuf dixièmes de fin, pesant cinq grammes.

Ainsi, pour savoir ce qu'ont produit trois marchés dans lesquels on a vendu successivement pour 1334^{fr},45, 1951^{fr},17, 183^{fr},11 d'une certaine denrée, il suffit d'ajouter les trois nombres ci-dessus, et la réponse à la question proposée se trouvera dans le total 3468^{fr}, 73.

Je suppose encore qu'on achète quatre pièces d'étoffe dont les longueurs soient exprimées par 217^{mè},43 97^{mè},21, 194^{mè},07, 51^{mè},34, la somme de ces nombres, exprimée par 560,05, donnera la quantité totale d'étoffe.

L'application de la soustraction est trop facile pour m'y arrêter.

102. Il est visible que c'est avec le secours de la multiplication qu'on trouve la valeur d'un nombre donné de choses de même espèce et de même valeur, lorsqu'on connaît cette dernière, qu'il s'agit alors de répéter autant de fois qu'il y a de choses, quelles que soient ces choses.

On voit que le produit ne dépend pas de l'espèce des unités du multiplicateur, mais qu'il est de celle du multiplicande, et que le multiplicateur doit être envisagé comme un nombre abstrait. Cette considération sert à déterminer dans une multiplication de nombres concrets, celui qu'on doit prendre pour multiplicateur.

Si, par exemple, le mètre d'une certaine étoffe coûte 19^{fr},25, et que l'on demande le prix d'une pièce contenant 37^{mè},14, il suffira de multiplier 19^{fr},25 par 37,14; le produit 714^{fr},95 sera le prix demandé.

En effet, il est évident que le prix de la pièce doit être composé avec celui du mètre de la même manière que la longueur de cette pièce est composée avec le mètre. Ainsi, la pièce contenant 37 fois le mètre plus $\frac{14}{100}$ de cette mesure, doit coûter 37 fois 19^{fr},25 plus les $\frac{14}{100}$ de ce prix, il faut donc multiplier 19^{fr},25 par

37 et $\frac{11}{100}$, et ces deux opérations sont réunies en une seule lorsqu'on prend 37,14 pour multiplicateur.

On peut encore concevoir l'opération sous ce point de vue, fort simple : en regardant d'abord la somme de 19$^{fr\cdot}$,25 comme le prix du centimètre d'étoffe, c'est-à-dire de l'unité du dernier ordre du multiplicateur ; alors il devient évident que le prix total doit s'obtenir en répétant 3714 fois la somme de 19$^{fr\cdot}$,25 ; mais 3714 étant un nombre cent fois plus grand que le véritable multiplicateur 37,14, on ramènera le produit à sa juste valeur, en prenant la centième partie, ou séparant deux chiffres décimaux de plus.

Enfin, en troisième lieu, on reconnaît sans peine que le prix du mètre étant de 19$^{fr\cdot}$,25, celui de l'unité du dernier ordre du multiplicateur ou du centimètre, dans l'exemple actuel, devant en être la centième partie, sera exprimé par 0$^{fr\cdot}$,1925, et l'on aura le prix de 37me,14, ou 3714 centimètres, en multipliant 0$^{fr\cdot}$,1915 par 3714.

103. Cette manière d'envisager la question repose sur la facilité de convertir, les unes dans les autres, les subdivisions d'une même espèce de mesures, par le simple changement de place de la virgule, suivant les remarques du numéro 90. Si l'on voulait, par exemple, convertir 314me,513 en décimètres, il suffirait de reculer la virgule d'un rang vers la droite, ce qui donnerait 3145^{dme},13, puisqu'alors on prend le décimètre pour l'unité.

En supprimant la virgule, les millimètres deviennent des unités, et l'on a par conséquent le nombre de millimètres contenus dans la grandeur proposée, exprimé par 314513^{mme}.

104. On reviendrait de cette dernière subdivision à

celles qui la précèdent, c'est-à-dire au centimètre, au décimètre, au mètre, en séparant successivement une, deux ou trois décimales. Si l'on en séparait quatre, on prendrait le décamètre pour unité, et l'on aurait $31^{Dmè}$,4513 ; continuant de la même manière, il viendrait $3H^{mè}$,14513, etc.

Ces considérations et celles du numéro précédent s'appliqueraient sans peine à toute autre espèce de mesures du système décimal, et offrent un des plus grands avantages de ce système.

105. Je vais indiquer à présent quelques usages de la division. Elle sert premièrement à résoudre toutes les questions du genre de la suivante : *Connaissant ce qu'a coûté un certain nombre de choses de la même valeur, trouver cette valeur.* On peut prouver cette assertion d'une manière fort simple, en observant que le prix connu est nécessairement le produit du prix d'une chose, multiplié par le nombre des choses (102) ; car il résulte de là qu'en divisant ce produit par le facteur connu, qui est le nombre des choses, on doit obtenir pour quotient l'autre facteur, ou le prix d'une seule chose (36).

Je suppose, par exemple, qu'ayant payé $19^{mè}$,13 d'étoffes, 315^{fr},45, on demande à combien revient le mètre. Pour le trouver, on divisera 315^{fr},45 par 19,13 ; on obtiendra 16^{fr},49.

On parviendrait encore au résultat de cette manière : Si l'on convertissait $19^{mè}$,13 en 1913 centimètres, et qu'on divisât 315^{fr},45 par 1913, on aurait le prix du centimètre, qu'il faudrait multiplier ensuite par 100 pour avoir celui du mètre : or il est évident qu'en employant un diviseur tel que 19,13, cent fois plus petit que 1913, on obtiendra un quotient cent fois plus grand, et par conséquent égal à celui qu'on cherche.

En divisant donc 315^{fr}, 45 par 19,13, on trouvera 16^{fr},49 pour le prix du mètre d'étoffe.

106. Voici une seconde question dans laquelle le dividende et le diviseur sont tous deux de même nature, et où le quotient est d'une nature différente.

On demande combien, pour 529^{fr}, 35, l'on aura de kilogrammes d'une certaine marchandise qui coute 14^{fr},5 le kilogramme. Il est clair que le nombre de kilogrammes cherché est égal au nombre de fois que la somme 529^{fr},35 contient 14^{fr},5, prix d'un kilogramme. Si donc on divise 529,35 par 14,5, le quotient 36,5068g sera des kilogrammes et des subdivisions de cette espèce d'unités.

107. L'emploi des fractions s'offre de lui-même par l'énoncé des questions. Si, par exemple, il fallait évaluer les $\frac{3}{4}$ de 219^{fr},6, on aurait à multiplier 219^{fr},6 par $\frac{3}{4}$, c'est-à-dire à multiplier ce nombre par 3, et à diviser ensuite le résultat par 4, ce qui donnera 164,7 (66).

On pourrait multiplier beaucoup les diverses questions qui se résolvent par les quatre règles, mais ce soin est inutile; car l'application de ces règles ne saurait présenter aucune difficulté lorsque l'on comprend bien la définition et le but de chacune.

Des Proportions.

108. On a vu dans ce qui précède les diverses méthodes nécessaires pour effectuer sur les nombres, soit entiers, soit fractionnaires, les quatre opérations fondamentales de l'arithmétique, l'addition, la soustraction, la multiplication et la division; et toutes les questions relatives aux nombres doivent être regardées comme résolues, lorsque, par l'examen attentif de leur énoncé, on est parvenu à les réduire à quelques-unes de ces opé-

rations. Je pourrais en conséquence terminer ici ce que j'ai à dire sur l'arithmétique ; car le reste est, à proprement parler, du ressort de l'algèbre ; mais cependant je vais résoudre quelques questions qui, en exerçant les lecteurs sur ce qu'ils ont déjà vu, les prépareront à l'analyse algébrique, et les conduiront à une théorie bien importante, celle des rapports et des proportions, que l'on comprend ordinairement dans l'arithmétique.

109. *Une pièce de drap contenant* 13 *mètres a été payée* 130 *francs : on demande combien coûterait une pièce du même drap, qui aurait* 18 *mètres de longueur.*

Il est évident que si on savait à combien revient le mètre du drap qu'on a acheté, on répéterait ce prix dix-huit fois, et on aurait pour résultat le prix de la pièce composée de 18 mètres. Or, puisque treize mètres ont coûté 130 fr., un mètre seul aurait coûté la treizième partie de 130 fr. ou $\frac{130}{13}$; faisant la division, on trouve pour résultat 10 fr., et multipliant ce nombre par 18, il vient 180 fr. pour la somme demandée. Telle est, en effet, la valeur de la pièce de dix-huit mètres.

Un courrier qui va toujours également vite, ayant fait 5 *myriamètres en* 3 *heures, on demande combien il en ferait en* 11 *heures.*

En raisonnant comme dans l'exemple précédent, on voit que ce courrier ferait en une heure le $\frac{1}{3}$ de 5 myriamètres ou $\frac{5}{3}$, et que dans 11 heures il en ferait 11 fois autant, ou $\frac{5}{3}$ de myriamètre multipliés par 11, ou enfin $\frac{55}{3}$, ce qui vaut 18 myriamètres et $\frac{1}{3}$.

Je suppose encore qu'*on demande dans combien de temps le courrier de la question précédente ferait* 22 *myriamètres.*

On voit que si on connaissait le temps qu'il met à

faire un myriamètre, on répéterait ce temps 22 fois, et on aurait pour résultat le nombre d'heures cherché. Or le courrier dont il s'agit, mettant 3 heures à faire 5 myriamètres, n'emploiera que le $\frac{1}{5}$ de ce temps ou $\frac{3}{5}$ pour faire un myriamètre; ce nombre étant multiplié par 22, donne $\frac{66}{5}$ ou 13 heures $\frac{1}{5}$; et comme l'heure est de 60 minutes, on aura 13 heures 12 minutes au lieu de 13 heures et $\frac{1}{5}$.

110. C'est par l'analyse de chacun des énoncés précédens, que j'ai découvert la quantité inconnue; mais dans toutes ces questions, les nombres connus et les nombres cherchés dépendent les uns des autres d'une manière qu'il est à propos d'examiner.

Pour cela, je reprens la première question, dans laquelle il s'agit de connaître le prix de 18 mètres de drap, dont 13 ont été payés 130 fr.

Il est évident que la somme à payer pour une pièce de l'étoffe dont il s'agit, deviendrait double si cette pièce contenait un nombre de mètres double du premier; que si ce nombre devenait triple, le prix triplerait aussi, et ainsi de suite : enfin, que pour la moitié ou les $\frac{2}{3}$ de la pièce, on n'aurait à payer que la moitié ou les deux tiers du prix total.

D'après ces notions, que tous ceux qui entendent la propriété des termes admettent sans difficulté, on voit que si on a deux pièces du même drap, le prix de la seconde doit contenir celui de la première autant que la longueur de la seconde contient celle de la première; et cette circonstance s'énonce en disant que les prix sont en *proportion* des longueurs, ou sont entr'eux dans le même *rapport* que les longueurs.

Cet exemple va nous servir à fixer le sens de plusieurs expressions qui reviennent souvent.

111. Le *rapport* des longueurs est le nombre, soit entier, soit fractionnaire, qui exprime combien l'une des longueurs contient l'autre. Si la première pièce avait 4 mètres et la seconde 8, le rapport de celle-ci à l'autre serait 2, puisque 8 contient 4 deux fois. Dans l'exemple ci-dessus, la première pièce avait 13 mètres et la seconde 18 ; le rapport de celle-ci à l'autre était donc $\frac{18}{13}$, ou 1 et $\frac{5}{13}$. En général, *le rapport ou la raison de deux nombres est le quotient de l'un par l'autre.*

Les prix ayant entr'eux le même rapport que les longueurs, il faut que 180, prix de la seconde pièce, étant divisé par 130, prix de la première, donne $\frac{18}{13}$ pour quotient, et c'est ce qui a lieu en effet ; car en réduisant $\frac{180}{130}$ à sa plus simple expression, on a $\frac{18}{13}$.

Les quatre nombres 13, 18, 130, 180, écrits dans l'ordre où on les voit ici, sont donc tels, que le deuxième contient le premier autant de fois que le quatrième contient le troisième, et ils forment ainsi ce qu'on appelle une *proportion*.

Les nombres 13, 18, 130 et 180, se nomment les termes de la proportion.

On dit aussi qu'*une proportion est l'assemblage de deux rapports égaux.*

Il faut observer à cette occasion, qu'un rapport ne change pas lorsqu'on multiplie ou qu'on divise ses deux termes par un même nombre ; et cela est évident, puisque ce rapport, n'étant que le quotient d'une division, peut toujours être mis sous une forme fractionnaire. C'est ainsi que le rapport $\frac{18}{13}$ est le même que $\frac{180}{130}$.

Les mêmes considérations s'appliquent encore au deuxième exemple. Le courrier qui fait 5 myriamètres en 3 heures, ferait un chemin double dans un temps double, triple dans un temps triple ; et ainsi, il heures, nombre qui exprime le temps que ce courrier a employé à faire 18 myriamètres et $\frac{1}{3}$, ou $\frac{55}{3}$ de myriamètre, doit contenir 3 heures, nombre qui marque le temps qu'il met à faire 5 myriamètres, autant que $\frac{55}{3}$ contient 5. Les quatre nombres 5, $\frac{55}{3}$, 3, 11, sont en proportion ; et en effet, si on divise $\frac{55}{3}$, par 5, on aura $\frac{55}{15}$, résultat équivalent à $\frac{11}{3}$. Il sera facile maintenant de reconnaître tous les cas où il y aura proportion entre quatre nombres.

112. Pour indiquer qu'il y a proportion entre les nombres 13, 18, 130 et 180, on les écrirait ainsi : 13 : 18 :: 130 : 180 ; on énoncerait : 13 *est à* 18 *comme* 130 *est à* 180 ; ce qui veut dire que 13 est la même partie de 18, que 130 l'est de 180, ou que 13 est contenu dans 18 autant de fois que 130 l'est dans 180, ou enfin que le rapport de 18 à 13 est le même que celui de 180 à 130.

Le premier terme d'un rapport s'appelle *antécédent*, et le second se nomme *conséquent*. Dans une proportion, il y a deux *antécédens* et deux *conséquens*, savoir, l'antécédent du premier rapport et celui du second, le conséquent du premier rapport et celui du second. Dans la proportion 13 : 18 :: 130 : 180, les antécédens sont 13, 130, les conséquens sont 18 et 180.

Je prendrai désormais le conséquent du rapport pour le numérateur de la fraction qui exprime le rapport, et l'antécédent pour le dénominateur.

113. Pour s'assurer qu'il y a proportion entre les quatre nombres 13, 18, 130 et 180, il faut voir si les fractions $\frac{13}{13}$ et $\frac{180}{130}$ sont égales, et pour cela, réduire la seconde à sa plus simple expression ; mais on peut aussi faire la même vérification en observant que si par la nature de la proportion, les deux fractions $\frac{18}{13}$ et $\frac{180}{130}$ sont équivalentes comme on le suppose, il s'ensuit qu'en les

réduisant au même dénominateur, le numérateur de l'une deviendra égal à celui de l'autre, et que par conséquent 18 multiplié par 130 donnera le même produit que 180 par 13. C'est ce qui a lieu, en effet, et le raisonnement qui l'a fait connaître étant indépendant de la valeur particulière des nombres, prouve que *si quatre nombres sont en proportion, le produit du premier et du dernier, ou des deux extrêmes, 'est égal à celui du deuxième et du troisième, ou des deux moyens.*

. On voit en même temps que si les quatre nombres proposés n'étaient pas en proportion, ils n'auraient pas la propriété énoncée ci-dessus ; car la fraction qui exprime le premier rapport n'étant pas équivalente à celle qui exprime le second, le numérateur de l'une ne deviendrait pas égal à celui de l'autre, lorsqu'on les réduirait toutes deux au même dénominateur.

114. La première conséquence qui se déduit naturellement de ce qui précède, c'est qu'on peut changer l'ordre des termes d'une proportion, pourvu que celui qu'on établit soit tel, que le produit des extrêmes demeure égal à celui des moyens. Dans la proportion 13 : 18 :: 130 : 180, on peut donc faire les arrangemens suivans :

$$13 \,:\, 18 \,::\, 130 \,:\, 180$$
$$13 \,:\, 130 \,::\, 18 \,:\, 180$$
$$180 \,:\, 130 \,::\, 18 \,:\, 13$$
$$180 \,:\, 18 \,::\, 130 \,:\, 13$$
$$18 \,:\, 13 \,::\, 180 \,:\, 130$$
$$18 \,:\, 180 \,::\, 13 \,:\, 130$$
$$130 \,:\, 13 \,::\, 180 \,:\, 18$$
$$130 \,:\, 180 \,::\, 13 \,:\, 18 ;$$

car dans chacun d'eux le produit des extrêmes et le produit des moyens demeurent formés des mêmes facteurs. Le second arrangement dans lequel les moyens ont changé de place entr'eux, est un de ceux qui se pratiquent le plus souvent (*).

115. Il fait voir qu'on peut multiplier ou diviser par un même nombre les deux antécédens ou les deux conséquens d'une proportion sans la troubler ; car ce changement fait des deux antécédens le premier rapport, et des deux conséquens le second. Si on avait, par exemple, 55 : 21 :: 165 : 63, en changeant les moyens de place, il viendrait 55 : 165 :: 21 : 63 ; on pourrait alors diviser les deux termes qui forment le premier rapport par le nombre 5 (111), ce qui donnerait 11 : 33 :: 21 : 63 ; changeant de nouveau les moyens de place, on trouverait 11 : 21 :: 33 : 63, proportion qui est elle-même vraie, et qui ne diffère de la proposée qu'en ce que les deux antécédens ont été divisés par 5.

116. Puisque le produit des extrêmes est égal à celui des moyens, on peut prendre l'un pour l'autre ; et comme en divisant le produit des extrêmes par un extrême, on trouverait nécessairement l'autre au quo-

---

(*) Je crois à propos d'observer que la proportion 13 : 130 :: 18 : 180 se serait présentée immédiatement sous cette forme, d'après la solution même de la question du numéro 109 ; car on peut avoir la valeur d'un mètre de drap de deux manières, savoir : en divisant le prix de la pièce de 13 mètres par 13, ou en divisant celui de la pièce de 18 mètres par 18. Il suit donc de là que le prix de la première doit contenir 13 autant que le prix de la seconde contient 18 ; on aura donc 13 : 130 :: 18 : 180. On pourrait raisonner de même sur la deuxième question du même numéro, ainsi que sur toutes celles de ce genre, et dériver de là les proportions ; mais j'ai préféré le point de vue du numéro 109, parce qu'il conduit à comparer entr'elles des quantités de même espèce, tandis qu'ici il faut comparer les prix, qui sont des sommes d'argent, à des mètres, qui sont des mesures de longueur, ce qui ne peut se faire qu'en réduisant les uns et les autres à des nombres abstraits.

tient, *il faudra qu'en divisant le produit des moyens par un extrême, on trouve de même l'autre extrême.* Par la même raison, *si on divise le produit des extrêmes par un des moyens, on obtiendra l'autre moyen.*

On peut donc trouver un terme quelconque d'une proportion, lorsqu'on connaît les trois autres ; car le terme cherché ne peut être que l'un des extrêmes ou l'un des moyens.

La question du n° 109 se résout par l'une des règles ci-dessus. En effet, lorsqu'on a reconnu que les prix des deux pièces de drap sont en proportion avec le nombre de mètres que chacune d'elles contient, on écrit ainsi cette proportion :

$$13 : 18 :: 130 : x,$$

en mettant la lettre x pour tenir la place du prix cherché de la pièce de 18 mètres ; et on trouve ce prix, qui est l'un des extrêmes, en multipliant entr'eux les deux moyens 18 et 130, ce qui donne 2340 ; et divisant ce produit par l'extrême connu 13, on a pour résultat 180.

L'opération par laquelle trois quelconques des termes d'une proportion étant donnés, on trouve le quatrième, s'appelle *règle de trois.* Les auteurs de la plupart des livres d'arithmétique en ont distingué de plusieurs espèces ; mais cet échafaudage est inutile lorsque l'on a bien conçu ce qui constitue la proportion, et qu'on entend bien l'énoncé de la question proposée. Quelques applications vont éclaircir ceci.

117. Un ouvrier ayant fait 217,5 mètres d'ouvrage en 9 jours, on demande combien il mettrait de temps à en faire 423,9, en supposant qu'il travaillât toujours de la même manière.

Dans cette question, l'inconnue est un nombre de jours qui doit contenir les neuf jours employés à faire

$217^{mè}$,5 autant que 423,9 contient 217,5; on a donc la proportion suivante : 217,5 : 423,9 :: 9 : x, et on trouve pour x, 17,54.

118. Toute la difficulté des questions qu'on peut rencontrer, ne consiste que dans la manière d'établir la proportion, et voici des règles sures pour la former dans tous les cas.

Parmi les quatre termes qui doivent composer la proportion, il y a deux nombres qui sont d'une même espèce, et deux nombres qui sont aussi d'une même espèce, mais différente de la première. Dans l'exemple précédent, deux des termes exprimaient des mètres, et les deux autres des jours.

Il faut donc d'abord distinguer les deux termes de chaque espèce, et quand cela sera fait, on aura nécessairement le quotient du plus grand terme de la seconde espèce divisé par le plus petit terme de cette espèce, égal au quotient du plus grand terme de la première espèce, divisé par le plus petit de cette espèce, ce qui donnera cette proportion :

le plus petit terme de la première espèce
est
au plus grand terme de cette espèce,
comme
le plus petit terme de la seconde espèce
est
au plus grand terme de cette espèce.

Dans l'exemple précédent, cette règle donne tout de suite, 217,5 : 423,9 :: 3 : x; car le terme inconnu doit être plus grand que 9, puisqu'il faut d'autant plus de jours qu'il y a d'ouvrage à faire.

119. Si on s'était proposé de trouver combien 27 ouvriers mettraient de jours à exécuter un ouvrage que 15

ouvriers, qui travaillaient autant que ceux-ci, ont fait en 18 jours, on verrait qu'il faut d'autant moins de jours qu'il y a plus d'ouvriers, et réciproquement. Il y a bien encore proportion dans ce cas, mais dans un ordre inverse ; car si le nombre des ouvriers de la seconde bande était triple de celui de la première, par exemple, il ne leur faudrait que le tiers du temps employé par ceux-ci : ce serait donc le premier nombre de jours qui devrait contenir le second autant que le second nombre d'ouvriers contient le premier.

L'ordre dans lequel ces quantités se contiennent étant l'inverse de celui qui leur est assigné par l'énoncé de la question, on dit que les deux nombres d'ouvriers sont en *raison inverse* des nombres de jours. Si on comparait les deux premiers et les deux derniers dans l'ordre où ils se présentent, le rapport des uns serait 3 ou $\frac{3}{1}$, et celui des autres serait $\frac{1}{3}$, fraction inverse de $\frac{3}{1}$.

On voit bien en effet qu'on renverse un rapport en renversant la fraction qui l'exprime, puisqu'on fait ainsi passer l'antécédent à la place du conséquent, et le conséquent à la place de l'antécédent : $\frac{2}{3}$ ou $2 : 3$ est l'inverse de $\frac{3}{2}$ ou $3 : 2$.

La règle du numéro précédent simplifie beaucoup ces considérations ; car en prenant les deux nombres d'ouvriers pour les quantités de la première espèce, les deux nombres de jours pour celles de la seconde, et posant les unes et les autres d'après leur ordre de grandeur, on a cette proportion :

$$15 : 27 :: x : 18,$$

de laquelle on tire x égal à 10.

120. Voici encore quelques exemples pour exercer le lecteur.

1°. Un homme a placé 3575 fr. dans un commerce, à raison de 5 pour cent d'intérêt par an; on demande à combien doit se monter, au bout d'un an, l'intérêt de son capital.

L'expression 5 pour 100 d'intérêt, qu'on écrit ainsi : 5 p. $\frac{0}{0}$, signifie qu'une somme de 100 fr. rapporterait 5 fr. au bout d'un an. En prenant donc les deux capitaux pour les quantités de la première espèce, et les intéréts pour celles de la seconde, on aura

$$100 : 3575 :: 5 : x,$$

proportion qui se réduit à $20 : 3575 :: 1 : x$, d'après l'observation du numéro 115 : divisant encore les deux termes du premier rapport par 5, on trouve enfin

$$4 : 715 :: 1 : x,$$ d'où x est égal à $\frac{715}{4}$ ou à 178$^{fr.}$,75.

On peut encore résoudre cette question en observant que 5 sont $\frac{1}{20}$ de 100, et que par conséquent on aura l'intérêt d'une somme quelconque à ce taux, en prenant le vingtième de cette somme. Or $\frac{1}{20}$ de 3575 est 178$^{fr.}$,75, résultat conforme à celui qu'on a déjà trouvé ci-dessus.

2°. Un marchand a promis de payer 800 fr. dans un an; on passe son billet à un banquier qui en fait l'avance huit mois avant l'époque du paiement : on demande combien doit donner le banquier. Le banquier ayant sorti de sa caisse une somme qui n'y doit rentrer que dans huit mois, il faut nécessairement qu'il trouve dans le remboursement qui lui sera fait l'intérêt de ses fonds.

Que l'intérêt pour un an soit de 6 pour 100, l'intérêt pour huit mois en sera les $\frac{8}{12}$ ou les $\frac{2}{3}$: donc une somme de 100 fr. prêtée pour huit mois, doit produire 4 fr. d'intérêt, c'est-à-dire que celui qui l'a

empruntée doit rendre 104 fr. La somme de 800 fr.
avancée par le banquier n'étant qu'un semblable remboursement, on aura cette proportion :

$$104 \text{ fr.} : 100 \text{ fr.} :: 800 : x,$$

d'où il viendra $769^{fr},23$ pour la valeur de x, c'est-à-
dire pour la somme que le banquier doit donner (*).

Règle de trois composée.

121. La règle de trois s'applique encore à des questions dans lesquelles le rapport de la quantité cherchée
à la quantité donnée de même espèce, dépend de plusieurs circonstances qu'il faut combiner , et prend alors
le nom de *règle de trois composée*. En voici quelques
exemples.

Je suppose que l'on demande combien de myriamètres parcourrait en 17 jours un voyageur marchant
10 heures par jour, lorsqu'on sait qu'il a employé 29
jours à faire 112 myriamètres, en marchant 7 heures
par jour.

Cette question peut se résoudre de deux manières :
voici celle qui donne lieu à la règle de trois composée.

Le nombre de myriamètres parcourus dans chaque
cas dépend de deux circonstances, savoir, du nombre
de jours de route du voyageur, et du nombre d'heures
pendant lesquelles il marche chaque jour.

On peut d'abord faire abstraction de cette dernière ,

(*) L'opération par laquelle on évalue ainsi une somme payée
d'avance, s'appelle *règle d'escompte*. On prend l'escompte de plusieurs manières ; mais celle que je donne ici est la plus rigoureuse ,
en n'ayant égard toutefois qu'à l'intérêt simple.

et

et supposer que le nombre d'heures reste le même dans le second cas que dans le premier. Alors la question serait posée ainsi : *Un voyageur a mis 29 jours à faire 112 myriamètres ; combien en ferait-il en 17 jours ?* et l'on aurait la proportion

$$29 : 17 :: 112 : x.$$

Le quatrième terme serait égal à 112 multiplié par 17 et divisé par 29, ou $\dfrac{1904}{29}$ myriamètres.

Maintenant, pour avoir égard à la différence des nombres d'heures de marche, on dirait : *Si, en marchant 7 heures par jour, pendant un certain nombre de jours, ce voyageur a fait $\dfrac{1904}{29}$ myriamètres, combien en ferait-il dans le même temps, s'il marchait 10 heures par jour ?* ce qui conduirait à la proportion suivante :

$$7\,h. : 10\,h. :: \frac{1904}{29} \text{ myriamètres} : x,$$

dont le quatrième terme donnerait 93,793 pour le nombre de myriamètres demandé.

La question se résoudrait aussi en observant que 29 jours de marche à 7 heures par jour, équivalent à 203 heures de marche ; que 17 jours, à 10 heures par jour, donnent 170 heures, et que par conséquent le problème est ramené à cette proportion :

$$203\,h. : 170\,h. :: 112\,myr. : x,$$

par laquelle on trouve le chemin que doit faire le voyageur en 170 heures, d'après celui qu'il a fait en 203.

G

122. Secondement, si 9 ouvriers, en travaillant 8 heures par jour, ont mis 24 jours à creuser un fossé de 65 mètres de longueur sur 13 de largeur et 5 de profondeur, combien faudrait-il de jours à 71 ouvriers de la même force que les premiers, et qui travailleraient 11 heures par jour, pour creuser un fossé de 327 mètres de longueur sur 18 de largeur et 7 de profondeur.

Voilà encore une question fort compliquée en apparence, et qui se résout également par la règle de trois.

Si tout, à l'exception du nombre de jours et du nombre d'hommes, était semblable dans les deux cas énoncés, la question se réduirait à trouver combien il faudrait de jours à 71 hommes pour faire l'ouvrage qu'ont effectué 9 hommes en 24 jours ; on aurait donc (118.)

$$9 \text{ hom.} : 71 \text{ hom.} :: x\text{j.} : 24\text{j.} ;$$

mais ici, au lieu de calculer le nombre de jours, je me contente d'indiquer, comme dans le numéro 82, les nombres à multiplier entr'eux, et de placer au dénominateur ceux par lesquels il faut diviser : j'ai ainsi pour le nombre x de jours,

$$\frac{24 \text{ par } 9}{71}.$$

Mais les premiers ouvriers ne travaillant que 8 heures par jour, tandis que les seconds en travaillent 11, il faudra d'autant moins de jours à ceux-ci ; on aura donc

$$8 : 11 :: x : \frac{24 \text{ par } 9}{71},$$

d'où on conclura que le nombre de jours, dans cette circonstance, est

$$\frac{24 \text{ par } 9 \text{ par } 8}{71 \text{ par } 11}.$$

Ce nombre est celui des jours nécessaires aux 71 ouvriers travaillant 11 heures par jour pour creuser le premier fossé.

Les fossés étant d'inégales longueurs, il faudra d'autant plus de jours que le second sera plus grand que le premier ; on aura ainsi

$$65 \ : \ 327 \ :: \ \frac{24 \text{ par } 9 \text{ par } 8}{71 \text{ par } 11} \ : \ x,$$

et le nombre de jours relatif à cette nouvelle circonstance sera

$$\frac{24 \text{ par } 9 \text{ par } 8 \text{ par } 327}{71 \text{ par } 11 \text{ par } 65}.$$

En ayant égard aux largeurs, qui ne sont pas les mêmes pour chaque fossé, j'ai

$$13 \ : \ 18 \ :: \ \frac{24 \text{ par } 9 \text{ par } 8 \text{ par } 327}{71 \text{ par } 11 \text{ par } 65} \ : \ x,$$

et par conséquent le nombre de jours cherché se change en

$$\frac{24 \text{ par } 9 \text{ par } 8 \text{ par } 327 \text{ par } 18}{71 \text{ par } 11 \text{ par } 65 \text{ par } 13}.$$

Enfin les profondeurs étant différentes, on a

$$5 : 7 :: \ \frac{24 \text{ par } 9 \text{ par } 8 \text{ par } 327 \text{ par } 18}{71 \text{ par } 11 \text{ par } 65 \text{ par } 13} \ : \ x,$$

2

et le nombre de jours résultant du concours de toutes les circonstances, est

$$\frac{24 \text{ par } 9 \text{ par } 8 \text{ par } 327 \text{ par } 18 \text{ par } 7}{71 \text{ par } 11 \text{ par } 65 \text{ par } 13 \text{ par } 5}.$$

En effectuant les multiplications et les divisions, on arrivera au résultat cherché, 21 jours $\frac{1202831}{3477231}$.

123. Ce nombre est égal à 24 multiplié par la quantité fractionnaire

$$\frac{9 \text{ par } 8 \text{ par } 327 \text{ par } 18 \text{ par } 7}{71 \text{ par } 11 \text{ par } 65 \text{ par } 13 \text{ par } 5} ;$$

mais cette dernière quantité, qui exprime le rapport du nombre de jours donné au nombre de jours cherché, est elle-même le produit des fractions suivantes :

$$\frac{9}{71} \; , \quad \frac{8}{11} \; , \quad \frac{327}{65} \; , \quad \frac{18}{13} \; , \quad \frac{7}{5} .$$

Or, en remontant aux dénominations des nombres donnés dans l'énoncé de la question, on voit que $\frac{9}{71}$ est l'inverse du rapport des nombres d'hommes, qui, pris dans l'ordre de l'énonciation, serait 9 à 71, puisqu'il y a 9 hommes dans le premier cas et 71 dans le second ; $\frac{8}{11}$ est pareillement l'inverse du rapport du nombre d'heures que chaque bande d'ouvriers doit travailler ;

$$\frac{327}{65} \; , \quad \frac{18}{13} \quad \text{et} \quad \frac{7}{5}$$

sont les rapports directs des longueurs, des largeurs et des profondeurs des deux fossés. Il suit de là que le rapport du nombre de jours donné au nombre de jours cherché, est égal au produit de tous les rapports directs et de tous les rapports inverses qui résultent de la comparaison des termes relatifs à chacune des circonstances de la question.

On résoudra la question très-simplement, en évaluant d'abord chacun de ces rapports ; car en multipliant entre elles les fractions qui les expriment, on formera celle qui représente le rapport de la quantité cherchée à la quantité donnée de même espèce.

Cette dernière fraction, qui sera le produit de tous les rapports qui entrent dans la question, aura pour numérateur le produit de tous leurs antécédens, et pour dénominateur celui de tous leurs conséquens. Un rapport qui résulte ainsi de la multiplication de plusieurs autres, s'appelle *rapport composé*.

En mettant l'expression fractionnaire

$$\frac{9 \text{ par } 8 \text{ par } 327 \text{ par } 18 \text{ par } 7}{71 \text{ par } 11 \text{ par } 65 \text{ par } 13 \text{ par } 5}$$

sous la forme d'un rapport, on en tirera avec le nombre 24, des jours donnés, la proportion suivante :

$$71 \text{ par } 11 \text{ par } 65 \text{ par } 13 \text{ par } 5$$
$$: 9 \text{ par } 8 \text{ par } 327 \text{ par } 18 \text{ par } 7 :: 24 : x.$$

qu'il est aisé d'imiter dans tous les cas semblables.

Règle de Société.

124. Cette règle a pour objet de partager un nombre en parties qui aient entr'elles des rapports donnés ; on verra dans l'exemple suivant, son origine et d'où elle a tiré son nom.

Trois marchands se sont associés pour un commerce : le premier a mis 25000 fr., le second, 18000, et le troisième 42000 ; ils se séparent, et veulent partager entr'eux le bénéfice commun, qui se monte à 57225 fr. ; on demande combien chacun doit avoir pour sa part.

Pour résoudre cette question, il faut considérer que le gain de chacun d'eux doit être contenu dans le gain total, autant que sa mise est contenue dans la somme des mises ou dans le fonds total ; car celui qui aurait fourni à lui seul la moitié ou le tiers de ce fonds, par exemple, aurait évidemment droit à la moitié ou au tiers du gain.

Calculant donc la mise totale, on fera, pour trouver chaque gain, une proportion semblable à la suivante :

la mise totale : une mise particulière :: le gain total : au gain relatif à cette mise.

Dans l'exemple proposé, la somme des mises est 85000 fr., on aura donc

85000 : 25000 :: 57225 : au gain du premier march.
85000 : 18000 :: 57225 : au gain du second.
85000 : 42000 :: 57225 : au gain du troisième.

Ces trois proportions se reduisent aux suivantes :

85 : 25 :: 57225 : au gain du 1er ou 16830 fr. $\frac{75}{85}$.
85 : 18 :: 57225 : au gain du 2e ou 12118 fr. $\frac{20}{85}$.
85 : 42 :: 57225 : au gain du 3e ou 28275 fr. $\frac{75}{85}$.

On peut encore présenter la question sous ce point de vue : La première mise étant 25000, ou les $\frac{25}{85}$ de la mise totale, le premier marchand doit retirer les $\frac{25}{85}$ du gain total ; par la même raison, le deuxième marchand, dont la mise se trouve les $\frac{18}{85}$ de la mise totale, n'aura

droit qu'aux $\frac{13}{25}$ du gain total ; enfin le troisième marchand ayant fourni les $\frac{21}{85}$ de la mise totale, retirera
aussi les $\frac{42}{85}$ du gain total.

Enfin on peut aussi concevoir la mise totale 85000
partagée en 85 mises partielles (ou *actions*) de 1000 fr.
déterminer le gain de chacune de ces mises, qui doit
être évidemment la 85ᵉ partie du gain total, et multiplier successivement cette partie par 25, 18 et 42, en
considérant les mises 25000 fr., 18000 fr., 42000 fr.,
comme les réunions de 25 actions, de 18 actions et de
42 actions.

Il est bon de savoir qu'en terme de commerce, la
mise totale se nomme *capital*, et le gain à partager *dividende*.

La question suivante a beaucoup d'analogie avec
celle-ci.

125. On demande de partager une succession de
67250 fr. entre trois héritiers, de manière que la part
du second soit les $\frac{2}{5}$ de celle du premier, et que la part
du troisième soit les $\frac{7}{8}$ de celle du second.

Il est évident que la part du troisième, comparée à
celle du premier, en sera les $\frac{7}{8}$ des $\frac{2}{5}$, ou les $\frac{14}{40}$, ou les $\frac{7}{20}$.

Les trois parts cherchées seront donc entr'elles dans
les mêmes rapports que les trois nombres 1 , $\frac{2}{5}$ et $\frac{7}{20}$; en
réduisant ceux-ci au même dénominateur, on trouvera
$\frac{20}{20}$, $\frac{8}{20}$, $\frac{7}{20}$, et on aura les trois nombres 20, 8, 7, qui
seront proportionnels aux premiers ; mais leur somme
étant 35 , on voit que si on prend trois parts qui soient
exprimées par les fractions $\frac{20}{35}$, $\frac{8}{35}$, $\frac{7}{35}$, elles seront
entr'elles dans les rapports demandés ; la question sera
donc résolue en prenant les $\frac{20}{35}$, puis les $\frac{8}{35}$, puis les $\frac{7}{35}$

4

de 67250 fr., ce qui donnera les sommes dues aux héritiers, suivant la distribution prescrite, savoir :

$$38428 \text{ fr. } \tfrac{20}{77}, \qquad 15371 \text{ fr. } \tfrac{15}{77}, \qquad \text{et} \quad 13450 \text{ fr.}$$

126. Enfin soient deux fontaines, dont la première coulant seule pendant 2 heures et $\tfrac{1}{2}$, remplit un certain bassin, et dont la seconde remplit ce meme bassin, en coulant seule pendant 3 heures $\tfrac{3}{4}$; on demande combien il faudra de temps pour qu'il soit rempli par les deux fontaines coulant à-la-fois.

Je cherche quelle partie du bassin la première fontaine remplit dans un temps donné, dans une heure, par exemple, et je vois qu'en prenant la capacité de ce bassin pour unité, je n'ai qu'à diviser 1 par $2\tfrac{1}{2}$, ou $\tfrac{5}{2}$, ce qui donne $\tfrac{2}{5}$ pour la partie cherchée. En divisant de meme 1 par $3\tfrac{3}{4}$ ou $\tfrac{15}{4}$, j'obtiens $\tfrac{4}{15}$ pour la portion du bassin que la seconde fontaine fournit pendant une heure ; les deux fontaines coulant ensemble donneront par conséquent les $\tfrac{2}{5}$ plus les $\tfrac{4}{15}$ ou les $\tfrac{10}{15}$ du bassin pendant 1 heure. En divisant donc 1 ou la capacité du bassin par $\tfrac{10}{15}$, on aura le nombre d'heures qu'il mettra à se remplir de cette manière, et on trouvera ainsi $\tfrac{15}{10}$ ou une heure et demie.

Les auteurs qui ont écrit sur l'Arithmétique, ont multiplié et varié ces questions de beaucoup de manières, et ont érigé en règles les procédés qui servent à les résoudre ; mais tous ces préceptes sont au moins inutiles, parce qu'une question de ce genre est toujours facilement résolue par celui qui sait développer les conséquences de l'énoncé, surtout lorsqu'il peut s'aider du secours de l'Algèbre ; c'est pourquoi je ne m'y arreterai pas davantage.

127. A l'instar des proportions qui sont composées

de quatre nombres, dont les deux premiers se contiennent autant que les deux derniers, on a considéré
l'assemblage de quatre nombres tels que 2, 7, 9, 14,
dont le deuxième surpasse le premier autant que le
quatrième surpasse le troisième : ces nombres, qu'on
peut appeler *équidifférens*, jouissent d'une propriété
remarquable, analogue à celle de la proportion ; car la
somme des termes extrêmes 2 et 14 est égale à celle des
moyens 7 et 9 (*).

Pour prouver cette propriété en général, il faut observer que le second terme est égal au premier plus la
différence, et que le quatrième est égal au troisième plus
la différence ; d'où il suit que la somme des extrêmes,
composée du premier et du quatrième terme, sera égale
au premier plus le troisième plus la différence. De même
, la somme des moyens, composée du deuxième et du
troisième termes, sera égale au premier plus la différence
plus le troisième. Ces deux sommes étant composées des mêmes parties, sont par conséquent égales.

J'ai supposé que le deuxième et le quatrième termes

(*) Les Anciens avaient très-bien séparé la théorie des proportions des opérations de l'Arithmétique. Euclide donne cette théorie
dans le cinquième livre de ses *Elémens* ; et comme il applique les
proportions aux lignes, c'est apparemment de là qu'elles ont pris dans
la suite le nom de *proportions géométriques*, et qu'on a donné le
nom de *proportion arithmétique* à l'assemblage des nombres équidifférens, dont on ne s'est occupé que beaucoup plus tard. Ces dénominations sont très-vicieuses ; le mot de *proportion*, dans notre
langue, a un sens déterminé qui ne convient nullement aux nombres
équidifférens. D'ailleurs, la proportion qu'on appelle *géométrique*
n'est pas moins *arithmétique* que celle qui porte exclusivement ce
nom. Lagrange, dans ses leçons à l'école Normale, a rectifié le
langage à cet égard, et j'ai suivi son exemple.

L'équidifférence, ou l'assemblage de quatre nombres équidifférens, ou enfin la proportion arithmétique, s'écrit ainsi : 2 . 7 : 9 . 14.

étaient plus grands que le premier et le troisième ; le contraire pourrait avoir lieu comme dans les quatre nombres 8, 5, 15, 12 ; alors le second terme serait égal au premier moins la différence, et le quatrième serait égal au troisième moins la différence. En changeant le mot *plus* en *moins* dans le raisonnement précédent, on prouverait encore que, dans le cas actuel, la somme des extrêmes est égale à celle des moyens.

Je ne pousserai pas plus loin cette théorie des nombres équidifférens, parce qu'elle ne peut être d'aucun usage pour le moment.

Règle d'Alliage.

128. Je n'omettrai point la *règle d'alliage*, dont le but est de trouver la valeur moyenne de plusieurs choses de même espèce, mais de prix différens. Les exemples suivans la feront suffisamment connaître.

Un marchand a acheté plusieurs espèces de vins, savoir 130 bouteilles qui lui reviennent à 10 décimes.

$$75 \qquad\qquad \text{à } 15$$
$$231 \qquad\qquad \text{à } 12$$
$$27 \qquad\qquad \text{à } 20$$

et il les mêle ensuite : on demande à combien lui revient la bouteille de mélange. Il est aisé de voir qu'il n'y a qu'à évaluer ce que lui coûte la totalité de ce mélange, combien elle forme de bouteilles, et à diviser ensuite le premier de ces résultats par le second, pour avoir le prix cherché.

Or, les 130 bouteilles à 10 déc. font 1300 décimes.

75	à 15	font 1125
231	à 12	font 2772
27	à 20	font 540

donc.....463 bouteilles coûtent   5737 décimes.

Divisant 5737 par 463, le quotient 12,39 est le prix de la bouteille de mélange.

129. On se sert encore de la règle précédente pour prendre un milieu entre divers résultats donnés par l'expérience ou l'observation, et qui ne s'accordent point entr'eux. S'il s'agissait, par exemple, de connaître exactement la distance de deux points assez éloignés, et qu'on la mesurât, quelque soin qu'on apportât dans cette opération, il y aurait toujours un peu d'incertitude dans le résultat, à cause des erreurs qu'on commet nécessairement dans la manière de poser les mesures à la suite les unes des autres.

Je suppose donc qu'on ait répété cette opération plusieurs fois de suite pour la vérifier, et que deux fois on ait trouvé $3794^{mè},48$, que trois autres mesurages aient donné $3795^{mè},27$, qu'on ait eu enfin un dernier résultat de $3793^{mè},115$; ces divers nombres n'étant point les mêmes, il est évident qu'il y a erreur dans quelques-uns d'entr'eux, et probablement dans tous. Voici le moyen qu'on emploie pour la diminuer. Si l'on avait obtenu chaque fois la vraie mesure, la somme de résultat serait égale à six fois cette mesure. Il est visible que la même chose aurait encore lieu si les résultats obtenus péchaient les uns par défaut, les autres par excès, de manière que l'augmentation produite par l'addition des excès compensât ce qui manque aux résultats moindres que la vraie valeur, et l'on parviendrait par conséquent à con-

naître cette vraie valeur en divisant la somme des résultats par le nombre.

Ce cas est trop particulier pour espérer qu'il se rencontre fréquemment ; mais il arrive presque toujours
que les erreurs dans un sens détruisent une partie de
celles qui sont dans l'autre, et celle qui reste, se trouvant répartie également sur chacun des résultats, est
d'autant plus diminuée, que le nombre des résultats est
plus grand.

D'après ces considérations, on opérera ainsi qu'il
suit :

$$
\begin{array}{llll}
\text{On prendra 2 fois} & 3794,48 & \text{ou} & 7588,96 \\
3 \text{ fois} & 3795,27 & \text{ou} & 11385,81 \\
1 \text{ fois} & 3793,115 & \text{ou} & 3793,115
\end{array}
$$

6 résultats donnant en tout 22767,885

Divisant 22767,885 par 6, on trouvera que la valeur
moyenne de la distance demandée est $3794^{mè},647$.

Au reste, c'est au calcul des probabilités qu'il faut
avoir recours pour discuter et apprécier les avantages et
les inconvéniens de cette méthode, et ce sujet a occupé
les plus grands géomètres de notre siècle.

De la comparaison des diverses mesures de même genre.

130. L'uniformité des mesures était depuis long-
temps l'objet des vœux de tous les savans, lorsqu'on a
établi en France le système décimal, que j'ai exposé
plus haut (100), mais ce système n'étant pas encore
adopté par les nations étrangères, et succédant à un

ancien système par lequel on a exprimé beaucoup de résultats numériques importans , on a souvent besoin de comparer avec les mesures decimales, soit les anciennes mesures françaises , soit les mesures étrangères. Je vais en conséquence indiquer les moyens de faire cette comparaison.

Les données nécessaires sont les rapports des mesures à comparer. Ces rapports s'obtiennent en exprimant l'une des mesures par l'autre.

131. Les mesures linéaires les plus usitées en France , sont la *toise* et l'*aune*.

La toise se divise en 6 pieds.
Le pied   en 12 pouces.
Le pouce   en 12 lignes.
La ligne   en 12 points.

L'aune (de Paris) contient 3 pieds 7 pouces 10 lignes $\frac{5}{6}$. Comparons d'abord la toise au mètre.

Le mètre , déterminé définitivement, a été trouvé de 3 pieds 0 pouce 11 lignes, 296.

Ce nombre étant réduit en fraction de la toise , donne le rapport du mètre à la toise.

Pour faire cette réduction , il faut d'abord convertir les pieds en lignes, ce qui se fera en observant que puisque le pied vaut 12 pouces, 3 pieds font 36 pouces ; et comme le pouce vaut 12 lignes, on multipliera 36 par 12, ce qui donnera 432 pour la valeur de 3 pieds convertis en lignes, à quoi il faut ajouter les 11 lignes, 296 de surplus, et il viendra 443 lignes, 296.

D'un autre côté, la toise, composée de 6 pieds, contient 6 fois 12 pouces, ou 72 pouces, et 72 fois 12 lignes, ou 864 lignes. La toise contenant donc 864 lignes, tandis que le mètre en contient seulement 443,296, le rapport du mètre à la toise est celui des nombres 443,296 et 864, ou des nombres 443296 et 864000, mille fois plus grands que les précédens. La toise est donc les $\frac{864000}{443296}$ du mètre, fraction qui se réduit à $\frac{27000}{13853}$, en divisant ses deux termes par 32.

132. Il suit de là et du n° 66, que pour convertir un nombre quelconque de toises en mètres, il faut le multiplier par la fraction $\frac{27000}{13853}$.

On demande, par exemple, combien 43 toises font de mètres; le résultat est $\frac{1161000}{13853}$: extrayant les entiers de cette fraction, il vient 83 $\frac{11201}{13853}$, et en réduisant en décimales la fraction qui accompagne l'entier, on a 83,80856.

Comme il suffit, pour les usages ordinaires, d'une réduction approchée, il est commode de convertir immédiatement en décimales la fraction $\frac{27000}{13853}$, ce qui donne pour la valeur de la toise, $1^{mè},94904$; et multipliant ce nombre par celui des toises proposées, on opérera sur-le-champ leur conversion en mètres.

133. Les pieds, les pouces, les lignes, dont le rapport avec la toise est connu, se convertissent facilement en parties décimales du mètre.

1°. Le pied étant la 6e partie de la toise, vaudra la 6e partie de la fraction $\frac{27000}{13853}$, ou les $\frac{4500}{13853}$ du mètre, et en décimales, $0^{mè},32484$, ou $3^{dmè.},2484$.

2°. Le pouce étant la 12e partie du pied, vaudra la 12e partie de la fraction $\frac{4500}{13853}$, ou les $\frac{375}{13853}$ du mètre, en décimales, $0^{mè},02707$, ou $2^{cmè},707$.

3°. La ligne étant la 12e partie du pouce, vaudra la

12ᵉ partie de la fraction $\frac{375}{13853}$, ou les $\frac{125}{13412}$ du mètre, et en décimales, $0^{mè},00226$, ou $2^{mmè},26$.

On obtiendrait de même la valeur du point.

134. Rien de plus aisé maintenant que de réduire en mètres et en parties décimales du mètre un nombre quelconque de toises, pieds et pouces. Soient, par exemple, 13 toises 5 pieds 3 pouces 8 lignes.

Les 13 toises donnent 25,33752
Les 5 pieds 1,62420
Les 3 pouces 0,08121
Les 8 lignes 0,01805
—————
Total. 27,06098

135. L'aune de Paris, contenant 3 pieds 7 pouces 10 lignes $\frac{1}{6}$, réduite en lignes, revient à la fraction $\frac{3161}{184}$ de la toise ; et la toise étant les $\frac{27000}{13853}$ du mètre, l'aune sera les $\frac{3161}{184}$ des $\frac{27000}{13853}$ du mètre, ce qui revient, en décimales, à $1^{mè},18845$.

136. Le poids se mesurait autrefois en *livres*, *marcs*, *onces*, *gros*, *grains*, *et fractions de grains*.

La livre est composée de 2 marcs.
Le marc . . . . de 8 onces.
L'once . . . . de 8 gros.
Le gros . . . . de 72 grains.

L'on a trouvé, par des expériences très-délicates, que le kilogramme pesait 18827 grains. En convertissant ce nombre en fractions de la livre, comme je l'ai fait à l'égard de celui qui exprime le mètre par le pied, on aura le rapport de la livre au kilogramme, et on déduira de là les rapports des subdivisions de la livre avec les parties décimales du gramme.

On trouvera, 1°. que la livre est les $\frac{9216}{18827}$ du kilogramme, ou $0^{kgr.},48951$ en décimales.

2°. Que l'once, ou la 16ᵉ partie de la livre, vaut les $\frac{576}{18827}$ du kilogramme, ou $0^{kgr.},03059$ en décimales.

3°. Que le gros, ou la 8ᵉ partie de l'once, vaut les $\frac{72}{18827}$ du kilogramme, ou $0^{kgr.},00382$ en décimales.

4°. Que le grain, ou la 72ᵉ partie du gros, vaut le $\frac{1}{18827}$ du kilogramme, ou $0^{kgr.},00005$ en décimales.

Avec ces résultats, rien de plus facile que de convertir un poids quelconque exprimé par les anciennes mesures en mesures décimales. Soit, pour exemple, 23 livres 4 onces 5 gros 31 grains.

$$
\begin{aligned}
&\text{On a pour 23 livres } 11,25873 \ ^{kgr.}\\
&\qquad\text{pour } 4 \text{ onces } 0,12236\\
&\qquad\text{pour } 5 \text{ gros } \ \ 0,01910\\
&\qquad\text{pour } 35 \text{ grains } 0,00175\\
\hline
&\qquad\text{Total}\ldots\ldots 11,40194 \ ^{kgr.}
\end{aligned}
$$

137. L'unité monétaire de l'ancien système était la livre tournois. La valeur du franc, donnée par la pièce de 5 fr., ayant été comparée à celle de la livre tournois, donnée par l'écu de 6 liv., il en est résulté que la valeur du franc est à celle de la livre tournois comme 81 est à 80. Pour convertir donc une somme de livres tournois en francs, il faudra en prendre les $\frac{80}{81}$, ou la multiplier par 0,98765.

en

Réciproquement, pour évaluer une somme de francs en livres tournois, il en faut prendre les $\frac{81}{80}$, ou la mulplier par 1,0125.

Si la somme à réduire était 100 francs, il viendrait 101,25, ou 101 liv. $\frac{1}{4}$.

La livre tournois se divise en 20 sous, chaque sou en 12 deniers. Dans l'usage ordinaire, on confond la *livre seule* avec le franc. Dans cette hypothèse, qui n'est qu'approchée, chaque sou vaut $\frac{1}{2}$ décime ou 0,05 ; et un denier étant la 12ᵉ partie du sou, vaut un $\frac{1}{12}$ de 0,05, ou 0,0041666, etc.

Pour faciliter les conversions des anciennes mesures en nouvelles, on a réuni dans des tables placées à la fin de ce Traité, les résultats obtenus dans le n° 133, ainsi que dans le précédent, et tous ceux qu'on trouverait en comparant de la même manière les mesures correspondantes de l'ancien système métrique et du système décimal. On y a joint aussi les rapports des principales mesures et monnaies étrangères avec celles du même système , ainsi que les premières données du change dont on trouvera ci-dessous un exemple.

138. De même que, par le rapport de l'aune à la toise , j'ai comparé cette première mesure avec le mètre , de même aussi j'aurais pu comparer avec le mètre toutes les mesures étrangères, dont le rapport avec nos anciennes est connu.

L'exemple suivant , quoique fictif , suffira pour mettre en état d'appliquer la méthode à tous les cas qui peuvent se présenter.

Supposé que 3 *livres* de France valent 32 *deniers sterling* d'Angleterre , que 240 deniers sterling valent 408 *deniers de gros* de Hollande , que 50 deniers de gros valent 190 *maravedis* d'Espagne ; on demande combien 90 livres de France font de maravedis.

H

1°. Puisque 3 livres de France font 32 deniers sterling, la livre est les $\frac{32}{3}$ du denier sterling.

2°. Puisque 240 deniers sterling valent 408 deniers de gros, le denier sterling est les $\frac{408}{240}$ du denier de gros.

3°. Puisque 50 deniers de gros valent 190 maravedis, le denier de gros est les $\frac{190}{50}$ du maravedis.

On convertira donc la livre de France en maravedis, en prenant les $\frac{32}{3}$ des $\frac{408}{240}$ des $\frac{190}{50}$, ce qui donnera

$$\frac{32 \text{ par } 408 \text{ par } 190}{3 \text{ par } 240 \text{ par } 50}$$

pour le rapport de la livre au maravedis; et multipliant ce rapport par 90, on aura la valeur de 90 livres de France, exprimée en maravedis, c'est-à-dire,

$$\frac{90 \text{ par } 32 \text{ par } 408 \text{ par } 190}{3 \text{ par } 240 \text{ par } 50}.$$

Ce nombre fractionnaire est susceptible d'une expression beaucoup plus simple, car le numérateur et le dénominateur ont des facteurs communs. Dans le premier, 90 et 190 sont divisibles par 10. Il en est de même de 240 et de 50 dans le second. La division étant opérée, il viendra

$$\frac{9 \text{ par } 32 \text{ par } 408 \text{ par } 19}{3 \text{ par } 24 \text{ par } 5},$$

Mais 32 au numérateur étant divisible par 8, ainsi que 24 au dénominateur, on aura

$$\frac{9 \text{ par } 4 \text{ par } 408 \text{ par } 19}{3 \text{ par } 3 \text{ par } 5};$$

et comme 3 par 3 font 9, on pourra supprimer ce facteur dans le numérateur et le dénominateur à-la-fois,

il en résultera $\dfrac{4 \text{ par } 408 \text{ par } 19}{5}$, ou $6201\frac{3}{5}$ maravedis

pour 90 livres de France.

Du calcul des nombres complexes.

139. Les nombres qui contiennent à-la-fois des *toises*, *pieds*, *pouces*, *lignes*, *points*; des *livres* (de poids), *onces*, *gros*, *et grains*; des *livres*, *sous*, *et deniers*, se trouvant rapportés à des unités différentes, et leur expression étant composée de plusieurs parties, ont été nommés *nombres complexes*; ceux qui n'en renferment qu'une seule, sont appelés *incomplexes* (*). On effectue immédiatement sur les nombres complexes, les quatre opérations fondamentales de l'arithmétique, par des procédés que je vais rapporter ici, pour mettre en état de suivre les anciens calculs, quoiqu'il soit à désirer qu'on renonce tout–à–fait à des opérations que les décimales remplacent si heureusement.

Ce que je dirai sur les nombres complexes usités en France, s'appliquerait sans peine à tous ceux qui peuvent résulter des mesures étrangères et de leurs subdivisions.

De l'addition des nombres complexes.

140. L'addition des nombres complexes repose sur les mêmes principes que celle des nombres incomplexes; il s'agit toujours de réunir entr'elles les parties

---

(*) Les nombres accompagnés de fractions décimales ne doivent pas recevoir cette dénomination, puisqu'on peut à vue les convertir en une seule espèce d'unités. $34^{mè},95$, par exemple, reviennent à 3495 centimètres.

de même valeur, et lorsqu'on en trouve assez pour former une ou plusieurs parties d'un ordre supérieur, on retient ces dernières pour les comprendre dans la somme de celles qui sont écrites dans les nombres proposés, comme dans l'addition simple on reporte les dixaines d'une colonne sur la suivante à gauche. On doit donc disposer les nombres complexes qu'on veut ajouter ensemble, de manière que leurs unités, ou parties de même valeur soient dans une même colonne, et faire séparément la somme de chacune de ces colonnes, en se rappelant combien il faut d'unités ou de parties de chaque ordre pour composer celles de l'ordre immédiatement plus considérable.

En voici un exemple, sur des livres, sous et deniers :

$$
\begin{array}{rrr}
984^{\text{liv.}} & 12^{\text{s}} & 8^{\text{d}} \\
38 & 6 & 9 \\
1413 & 14 & 10 \\
319 & 18 & 2 \\
\hline
2756 & 12 & 5
\end{array}
$$

En ajoutant d'abord les deniers entr'eux, parce que ce sont les parties de moindre valeur, et en embrassant à-la-fois les unités et les dixaines de ces nombres, on trouve 29 deniers ; mais comme 12 font 1 sou, cette somme revient à 2 sous 5 deniers : on n'écrit donc que les 5 deniers, et on retient les sous pour les porter à leur colonne.

Ici on ajoute séparément les unités et les dixaines ; les premières donnent 22, en y joignant les 2 sous retenus sur les deniers ; on n'écrit que les deux unités et on retient les deux dixaines pour la colonne suivante, dont la somme s'élève par ce moyen à 5 dixaines. Mais

comme la livre composée de 20 sous contient 2 dixaines,
on obtient le nombre de livres résultant des sous, en divisant celui des dixaines de sous par 2 ; on a 2 pour
quotient., et 1 de reste qu'on écrit sous la colonne où
l'on opère, tandis qu'on retient la livre pour celle des
livres. A partir de cette dernière, l'opération s'effectue
comme celle des nombres incomplexes, et on trouve
2756$^{liv.}$ 12^s 5^d.

141. Je ne réduirai point en règle ce procédé, qu'il
est si aisé d'adapter à telles subdivisions de l'unité qu'on
voudra ; et pour donner l'occasion de le faire, je mettrai
ci-dessous un exemple en toises, pieds, pouces et lignes,
qu'on vérifiera soi-même en se rappelant que 12 points
font 1 ligne, 12 lignes 1 pouce, 12 pouces 1 pied, 6
pieds 1 toise.

34^{toises}	5^{pieds}	6^{pouces}	7^{lignes}	8^{points}
16	3	2	5	6
127	4	10	11	9
Somme....179	1	8	0	11.

De la Soustraction des Nombres complexes.

142. Cette soustraction s'opère de même que pour les
nombres incomplexes, en changeant seulement ce qui
se rapporte à la subordination des unités, lorsqu'on est
obligé d'emprunter sur les parties de plus grande valeur,
de quoi rendre possibles les soustractions partielles où le
nombre inférieur surpasse le supérieur.

Soit, pour exemple,

$$795^{liv.}\, 3^{s}\ 0^{d}$$
$$684\quad 17\quad 4$$

Différence....110 5 8.

Dans cette soustraction, il faut d'abord emprunter
1 sur la colonne des sous, ou 12 deniers, pour en ôter
les deniers du nombre inférieur; et on a pour reste 8
deniers. Pour la colonne des sous, où il n'en reste plus
que 2 dans le nombre supérieur, il faut faire sur celle
des livres, l'emprunt de 1 livre, ou 20 sous, pour
obtenir 22 sous, dont en retranchant 17, il reste 5;
alors on passera à la colonne des livres, où l'on comptera
le chiffre supérieur pour une unité de moins, et on
achevera l'opération suivant le procédé relatif aux
nombres incomplexes.

L'exemple ci-dessous, pris dans les mesures de poids,
achevera d'éclaircir ce procédé.

$$19^{livres}\ 0^{marcs}\ 4^{onces}\ 5^{gros}\ 37^{grains}$$
$$4\qquad 1\qquad 3\qquad 6\qquad 49$$

Différence.. 14   1   0   6   60

Pour faire les soustractions dans la colonne des grains,
il faut emprunter 1 dans celle des gros, et se souvenir
que cette unité vaut 72 grains, les joindre par la pensée
aux 37 qui sont écrits dans le nombre supérieur, ce qui
fait 109 grains, d'où retranchant 49, il reste 60; on
continue la soustraction dans les autres colonnes, en
comptant 1 once pour 8 gros, 1 marc pour 8 onces, 1
livre pour 2 marcs.

Je ferai remarquer à cette occasion combien la bigarrure qui se trouve dans les subdivisions des diverses unités, doit apporter d'embarras dans les opérations sur les nombres complexes, et en particulier, combien était peu commode la division du gros en 72 grains, qui conduisait toujours à des opérations partielles assez compliquées.

Je donnerai encore un exemple en toises et subdivisions de la toise, tant pour exercer le lecteur sur cette espèce de mesure, que pour montrer comment on s'y prend lorsqu'il manque dans le nombre le plus grand quelques-unes des parties contenues dans l'autre.

16 toises	0 pieds	0 pouces	0 lignes	0 points
4	3	6	8	5

Différence 11   2   5   3   7.

Pour faire la soustraction dans la colonne des points, on ne peut emprunter que sur celle des toises, et on le fait en décomposant

1 toise en 5 pieds plus 11 pouces plus 11 lignes plus 12 points.

On conçoit ces nombres de pieds, de pouces, de lignes et de points, respectivement placés dans leurs colonnes, pour en retrancher successivement chacun des nombres inférieurs correspondans, ce qui donne les restes écrits au-dessous. On passe ensuite à la colonne des toises, en comptant pour 1 de moins le chiffre des unités.

De la preuve de l'Addition et de la Soustraction des Nombres complexes.

143. La preuve de l'addition se fait encore par les mêmes principes que pour les nombres incomplexes, il faut seulement, en passant aux subdivisions de l'unité, substituer au rapport décimal, la valeur de chaque partie à l'égard de celle qui la suit à droite. Soit, par exemple,

$$
\begin{array}{rrr}
984^{liv.} & 12^{s} & 8^{d} \\
38 & 6 & 9 \\
1413 & 14 & 10 \\
319 & 18 & 2 \\
\hline
2756 & 12 & 5 \\
\hline
xxxx & xx & \emptyset .
\end{array}
$$

On opère sur les livres, suivant la règle du n° 19, puis on convertit les 2 livres en dixaines de sous, ce qui donne 4 de ces dixaines qui, jointes à celles qu'on trouve écrites dans la colonne, forment le nombre 5, dont on retranche les 3 unités de cette colonne ; on place au-dessous le reste 2, que l'on compte pour des dixaines par rapport aux 2 unités de la colonne suivante. Il reste encore 2 sous qu'il faut convertir en deniers ; on ajoute les 24 deniers qui en résultent, avec les 5 qui sont écrits, et on a un total de 29, qu'il faut retrouver par l'addition des deniers de tous les nombres, puisque ce sont les parties de moindre valeur. C'est ce qui arrive en effet, et qui prouve que l'opération est exacte.

Je ne m'arrêterai point à exposer la preuve de la

soustraction, puisqu'elle se fait par le moyen d'une addition (20), et qu'on a vu précédemment comment s'effectuent celles des nombres complexes.

De la Multiplication des Nombres complexes.

144. La multiplication des nombres complexes ne présente aucune difficulté lorsqu'on possède bien la théorie des fractions ; car d'abord on peut changer le multiplicande et le multiplicateur en nombres fractionnaires, au moyen des rapports de chaque subdivision de l'unité avec celle qui la précède, comme on l'a fait dans les n°s 131 et 136, pour les valeurs du mètre par rapport à la toise, et du kilogramme par rapport à la livre de poids.

Si l'on avait, par exemple, 15 liv. 12 sous 4 den. on réduirait d'abord les livres en sous, en les multipliant par 20, et on aurait 300 à joindre aux 12 qui sont écrits, ce qui changerait le nombre proposé en 312 sous 4 d. ; on multiplierait encore les sous par 12 pour les convertir en deniers, on obtiendrait 3744, et en y ajoutant les 4 den. écrits, il en résulterait 3748 den. Cela fait, on observerait que la livre contenant 20 sous, le sou 12 deniers, la livre contient 20 fois 12 ou 240 den. ; qu'ainsi 1 denier est $\frac{1}{240}$ de la livre, d'où il résulte que 3748 den. font $\frac{3748}{240}$ de la livre.

S'il fallait multiplier ce nombre par 7 toises 4 pieds, on changerait de même 7 toises 4 pieds en 46 pieds ou $\frac{46}{6}$ de toise ; on ferait, d'après la règle du n° 70, le produit des fractions $\frac{3748}{240}$ et $\frac{46}{6}$, ce qui donnerait $\frac{172408}{1440}$; et en observant que l'unité du produit doit être de même espèce que celle du multiplicande (102), on évaluerait, comme il suit, cette fraction par la livre tournois et ses subdivisions.

$$\begin{array}{r|l}
172408 & 1440 \\
2840 & \overline{119^{liv}\ 14^{s}\ 6^{d}\ \frac{3}{4}} \\
14008 & \\
1048 & \\
20 & \\
\hline
20960^{s} & \\
6560 & \\
800 & \\
12 & \\
\hline
9600 & \\
960 &
\end{array}$$

La partie entière du quotient de la division du numérateur par le dénominateur, donnerait d'abord les
livres tournois, puis on multiplierait le reste 1048 par
20 pour le convertir en sous ; on diviserait le produit
20960 par le diviseur 1440, et le quotient 14 serait les
sous qui doivent accompagner les livres déjà trouvées.
Le second reste 800 serait ensuite converti en deniers,
en le multipliant par 12 ; enfin on diviserait le produit
9600 par le diviseur 1440, et on aurait 6 deniers à
joindre aux deux premières parties du quotient avec
la fraction $\frac{960}{1440}$ qui revient à $\frac{3}{4}$.

Cette dernière opération qui peut s'appliquer à quelqu'espèce de mesure que ce soit, repose sur ce que tout
nombre fractionnaire peut être considéré comme l'indi-
cation d'une division qu'on rend possible, en convertissant
le numérateur en parties de plus en plus petites, comme
on l'a fait à l'égard des décimales dans le n° 95.

145. Les procédés que l'on suit ordinairement dans
la multiplication des nombres complexes, probablement imaginés par des hommes qui ne s'en occupaient

que pour parvenir au résultat, paraissent au premier coup-d'œil moins simples, moins généraux que celui du numéro précédent, mais ils sont peut-être plus commodes dans la pratique ; ils offrent d'ailleurs ce caractère ingénieux qu'on trouve dans toutes les inventions suggérées par le besoin, auxquelles on parvient comme par instinct, sans concevoir bien nettement l'étendue et l'ordre du sujet, que développent ensuite ceux qui se sont voués uniquement à la méditation.

Je suivrai la marche que les premiers arithméticiens ont tenue, en commençant par des exemples. Soit la multiplication de $25^{liv.}$ 12^s

$$
\begin{array}{lrr}
\text{par} & 16 & \\
\hline
& 150 & \\
& 25 & \\
\text{produit pour 10 sous} & 8 & \\
\text{pour 2 sous} & 1 & 12 \\
\hline
\text{Produit total ..} & 409 & 12
\end{array}
$$

Ici le multiplicande seul est complexe ; il s'agit de le répéter 16 fois, ce qu'on effectue à l'ordinaire sur la partie entière ; puis on observe que si l'on ajoutait 1 au multiplicande 25, le produit serait augmenté précisément du multiplicateur 16, et qu'il le serait de la moitié seulement, si l'on n'avait joint au multiplicande que la moitié de 1 liv. D'après cela, s'il y avait 10 sous à la suite des livres du multiplicande, il faudrait écrire au produit 8 unités moitié du multiplicateur ; mais au lieu de 10 sous il y en a 12 ; il reste donc encore 2 sous dont il faut tenir compte : or ces deux sous étant la 5e partie des 10, ne doivent augmenter le prodüit que de la 5ᵉ partie de ce qu'ont donné les 10 sous ; on prendra par conséquent la 5ᵉ partie des 8 livres trouvées précédemment, pour l'écrire sous le produit, ce qui donnera 1 liv. 12 sous. La somme de tous ces produits partiels sera le produit total demandé ; savoir, 409 livres 12 sous.

146. En décomposant de même en parties qui soient contenues exactement dans l'unité du multiplicande, ou, les unes dans les autres, les subdivisions qui accompagnent les unités de la plus grande valeur, ou les *unités principales* du multiplicande, on n'a plus qu'à prendre des parties semblables sur le multiplicateur ou sur les produits déjà formés. Ces parties se nomment *aliquotes* ; on en sentira bien l'usage par l'exemple que je vais donner.

$$34^{liv.} \quad 19^{s} \quad 3^{d}\tfrac{1}{3}$$
$$18$$

$$272$$
$$34$$

	liv.	s	d
Pour 10 sous.....	9		
pour 5 sous.....	4	10	
pour 4 sous.....	3	12	
pour 1 sou	∅	18	
pour 3 deniers ..		4	6
pour 1 denier...		1	6
pour $\frac{1}{3}$ de denier..		0	6
Total.....	$629^{liv.}$	7^{s}	0^{d}

Après avoir formé les produits des unités principales

du multiplicande par chaque chiffre du multiplicateur, on opère comme il suit à l'égard des subdivisions du multiplicande :

On décompose 19 sous en 10 sous , plus 5 sous , plus 4 sous :

Pour les 10 sous, on prend la moitié du multiplicateur,

Pour   5 sous , la moitié du produit précédent,

Pour   4 sous , le 5eme du multiplicateur.

Comme il faut passer de là à 3 deniers qui ne sont que le quart d'un sou, et par conséquent le 16eme de 4 sous , il pourrait être un peu difficile de prendre à vue la 16e partie du produit de 4 sous. Pour éviter cet embarras , on en prend d'abord le quart, ce qui forme le produit que donnerait 1 sou , et puis on prend le quart de ce dernier : on a le produit relatif à 3 deniers ; mais on a l'attention de barrer les chiffres du produit précédent, qui , n'ayant servi qu'à former celui-ci , ne doit pas faire partie du produit total (*). On obtient de même le produit relatif à $\frac{1}{3}$ de denier , en formant d'abord celui de 1 denier par le moyen de celui de 3 et on barre le produit de 1 denier. On réunit ensuite tous les autres produits partiels , et la somme est le produit demandé.

Voici encore un exemple sur la toise et ses subdivisions :

(*) Les Arithméticiens donnent aux produits qu'ils ne cherchent que pour en trouver d'autres, la dénomination de *faux produits*, qui est assurément bien mauvaise.

	6 toises	3 pieds	5 pouces	2 lignes
	5			
	30			
Pour 3 pieds...	2	3		
Pour 1	$\emptyset$	8		
Pour 3 pouces	1	3		
Pour 1	0	5		
Pour 1	0	5		
Pour 2 lignes.........	0	0	10	
Total..	32	5	1	10

On a formé le produit relatif à 1 pied pour faciliter le passage aux pouces, et on a écrit deux fois le produit de 1 pouce, au lieu de former tout d'un coup le produit de 2 pouces, en prenant le 6eme de celui de 1 pied, parce qu'on avait besoin du produit de 1 pouce pour obtenir commodément celui de 2 lignes.

147. Lorsque le multiplicateur seul est complexe, on décompose de même que précédemment, en parties aliquotes de l'unité principale, les subdivisions qu'il contient, et on effectue sur le multiplicande les opérations qu'elles indiquent. C'est dans ce cas qu'il est important de distinguer par l'état de la question, lequel des deux nombres proposés doit être pris pour multiplicande, puisqu'en déterminant la nature des unités du produit cherché, il fixe les rapports des subdivisions auxquelles il faut descendre, en prenant les produits relatifs aux parties aliquotes, et sur lesquels on pourrait se tromper beaucoup, puisque les subdivisions du multiplicande et du multiplicateur suivent des lois différentes, lorsque ces deux nombres ne sont pas de même espèce. Soit, pour exemple,

$$793^{\#}$$

	9^{marcs}	3^{onces}	5^{gros}	$7^{grains}\frac{1}{2}$
	$7137^{\#}$	s	d	
Pour 2 onces..	198	5		
Pour 1	99	2	6	
Pour 4 gros ...	49	11	3	
Pour 1	12	7	9	$\frac{3}{4}$
Pour 12 grains.	2	1	3	$\frac{5}{8}$
Pour 6	1	0	7	$\frac{13}{16}$
Pour 1	0	3	5	$\frac{29}{96}$
Pour $\frac{1}{2}$	0	1	8	$\frac{125}{192}$
	7499	8	4	$\frac{99}{192}$

Dans cet exemple, on a pris

pour 2 onces le $\frac{1}{4}$ du multiplicande

pour 1   , la moitié de ce produit.

pour 4 gros , la $\frac{1}{2}$ du produit de 1 once.

pour 1   le $\frac{1}{4}$,

Mais comme le gros contient 72 grains, on a d'abord, pris le 6eme du produit relatif à un gros , afin d'avoir le produit relatif à 12 grains, sur lequel on prend ensuite

pour 6 grains , la $\frac{1}{2}$.

pour 1   le 6eme de ce produit.

pour $\frac{1}{2}$ la $\frac{1}{2}$ du produit précédent.

Ces divers produits sont accompagnés de fractions qu'il faut ajouter ensemble, ce qui s'opère facilement par le procédé du n° 77, parce que le plus grand des dénominateurs contenant tous les autres, on peut convertir toutes les fractions dans l'espèce de la dernière ; on trouve, pour leur somme, $\frac{483}{192}$ ou $2\frac{99}{192}$: en joignant ces deniers à ceux qui sont écrits, et continuant l'addition des autres colonnes, on a le produit total.

148. Enfin, lorsque le multiplicande et le multiplicateur sont tous deux complexes, après avoir fait les produits des unités principales du multiplicande par celles du multiplicateur, on prend d'abord, seulement sur les unités principales du multiplicateur, les parties aliquotes dans lesquelles se décomposent les subdivisions du multiplicande, puis on décompose les subdivisions du multiplicateur en parties aliquotes de son unité principale, et on effectue sur tout le multiplicande, les opérations qu'elles indiquent.

Pour sentir l'exactitude de ce procédé, il suffit d'observer que le produit cherché doit renfermer trois parties, savoir : le produit des unités principales du multiplicande par celles du multiplicateur, celui des subdivisions du multiplicande par les unités principales du multiplicateur, et enfin le produit de tout le multiplicande par les subdivisions du multiplicateur.

En effet, on peut ramener cette opération à la multiplication de deux facteurs composés d'un entier joint à une fraction ; et si l'on avait, par exemple, $8\frac{2}{3}$ à multiplier par $6\frac{1}{7}$; le produit se composerait évidemment de 8 et de $\frac{2}{3}$, répétés chacun 6 fois plus $\frac{1}{7}$ de fois (70).

149. L'exemple suivant éclaircira ces principes, en fera connaître l'application.

$$84^{liv.} 6^{s} 3^{d} \tfrac{1}{3}$$
$$15^{toi.} 4^{p.} 6^{p} 8^{lig.}$$

$$420^{liv.\ sous\ den.}$$

	84		
pour 5 sous.....	3	15	
pour 1	0	15	
pour 3 deniers...	0	3	9
pour 1	0	1	3
pour $\tfrac{1}{3}$	0	9	5
pour 3 pieds....	42	3	1	$\tfrac{2}{3}$
pour 1	14	1	0	$\tfrac{5}{9}$
pour 6 pouces..	7	0	6	$\tfrac{5}{16}$
pour 1	1	3	8	$\tfrac{5}{108}$
pour 6 lignes...	0	11	8	$\tfrac{113}{216}$
pour 2 lignes...	0	3	10	$\tfrac{55}{648}$
	1328	14	5	$\tfrac{79}{81}$

On a d'abord pris sur les 15 unités principales du
multiplicateur les parties aliquotes dans lesquelles se
décomposent les $6^{sous} 3^{deniers} \tfrac{1}{3}$ du multiplicande, puis on
a pris ensuite sur tout le multiplicande les parties aliquotes que forment les $4^{pieds} 6^{pouces} 8^{lignes}$ du multiplicateur ; en réunissant les fractions on a obtenu 1 entier
et $\tfrac{160}{648}$, fraction dont la plus simple expression est $\tfrac{79}{81}$,
on a joint cet entier à la somme de la colonne des deniers
et on a achevé l'addition suivant la règle du n° 140.

150. Le plus souvent on néglige les fractions, qui
compliquent assez le calcul, lorsqu'on veut en tenir
compte, mais aussi le résultat peut se trouver en défaut
de quelques unités sur la colonne des subdivisions de
moindre valeur. On éviterait cette erreur et l'embarras
que donne l'addition des fractions ordinaires, en

convertissant en dixièmes le reste que laissent dans la formation de chaque produit partiel, les dernières subdivisions du produit précédent; et tant qu'il n'y aura pas dix de ces produits, on sera sûr d'avoir le résultat exact jusqu'aux dernières unités.

Voici un exemple relatif à l'aune.

Il s'agit de trouver ce qu'on doit payer pour 15 aunes $\frac{3}{4}$ et $\frac{1}{16}$ d'une étoffe, le prix de l'aune étant de 42^l 17^s 11^d.

$$42^{liv.} \quad 17^s \quad 11^d$$
$$15 \quad \tfrac{3}{4} \quad \tfrac{1}{16}$$

	210		
	42		
pour 10 sous	7	5	
5	3	12	6
2	1	9	
pour 6 deniers...		7	3
3		3,	7, 5
2		2	5
pour $\frac{1}{2}$ aune.....	21	8	11, 5
$\frac{1}{4}$	10	14	5, 7
$\frac{1}{16}$	2	13	7, 4

Produit total .... 677 . 16   10, 1

Les 17 sous du multiplicande se décomposent en 10 sous plus 5 sous plus 2 : on prend pour 10 sous la $\frac{1}{2}$ de 15, pour 5, la $\frac{1}{2}$ du produit précédent, pour 2, le 5eme du produit relatif à 10 sous. Les $\frac{3}{4}$ qui sont écrits dans le multiplicateur, se décomposent en $\frac{1}{2}$ et $\frac{1}{4}$: on prend la $\frac{1}{2}$ de tout le multiplicande, puis pour $\frac{1}{4}$ la $\frac{1}{2}$ du produit précédent, puis enfin pour $\frac{1}{15}$, le $\frac{1}{4}$ du produit précédent. Dans le produit total on barre le chiffre des dixièmes de deniers, parce qu'il n'est pas toujours exact, à cause des fractions de dixièmes qu'on a négligées.

151. Tout ce qu'on vient de voir sur la multiplication des nombres complexes, étant réduit en règle, peut s'énoncer ainsi : *Multiplier d'abord les unités principales du multiplicande par celles du multiplicateur ; décomposer les subdivisions du multiplicande en parties aliquotes de son unité principale, ou des partiés aliquotes qui les précèdent ; évaluer ces fractions sur les unités principales du multiplicateur seulement ; décomposer ensuite les subdivisions du multiplicateur en parties aliquotes de son unité principale, ou des parties aliquotes qui les précèdent, et évaluer ces fractions sur tout le multiplicande. Lorsque la fraction à évaluer sera trop petite à l'égard de celle à laquelle on la rapporte, on en facilitera le calcul en prenant une partie aliquote en intermédiaire, pour former un produit auxiliaire, duquel on déduira la partie aliquote cherchée, et dont on barrera ensuite les chiffres pour ne pas les comprendre dans l'addition des produits partiels qui doivent composer le produit total.*

De la Division des Nombres complexes.

152. Il est très-important, pour opérer la division des nombres complexes, de faire attention à la nature des unités du quotient, puisque de là dépend la conversion des restes dans les subdivisions de ces unités ; mais l'examen attentif de la question ne laisse jamais de doute à cet égard, sur tout lorsqu'en considérant le dividende comme un produit, on détermine quel a dû être le multiplicande et le multiplicateur, ainsi qu'on l'a fait dans le n° 105.

On rencontrera de cette manière deux cas différens ; dans l'un, le dividende et le diviseur étant de nature diverse, le quotient doit être de la même espèce que le dividende ; dans l'autre, le dividende et le diviseur étant de la même espèce, le quotient doit être d'une espèce différente. L'opération relative à ce dernier cas, étant plus simple que pour le premier, je vais d'abord m'en occuper.

153. Voici une question qui mène à ce cas : Le prix d'une toise d'ouvrage étant 36 liv. 15 sous 6 deniers, on demande combien on fera du même ouvrage pour 1689 liv. 17 sous. Ici le dividende 1689 liv. 17 sous est composé, avec 36 liv. 15 sous 4 deniers, de la même manière que le nombre qui mesure l'ouvrage cherché, est composé avec la toise et ses subdivisions ; ainsi le quotient doit être exprimé par ces dernières mesures.

Pour l'obtenir, on considère que sa valeur ne doit point changer, lorsque l'on convertit le dividende et le diviseur en parties de même valeur, puisque des fractions de même dénominateur, donnent pour quotient celui de leur numérateur ; mais en réduisant en même temps le dividende et le diviseur en deniers qui sont les parties de moindre valeur qu'ils contiennent, on rendra ces nombres incomplexes.

Ce dividende 1689 liv. 17 sous donne 405564 deniers, et le diviseur 36 liv. 15 sous 6 deniers en produit 8826 ; alors on regarde le dividende comme s'il était des toises, et le diviseur comme un nombre abstrait, puisque si la toise ne coûtait qu'un denier, on en aurait 405564, et que coûtant 8826 deniers, il n'en doit être fait que la 8826eme partie du premier nombre : on établit donc ainsi l'opération :

$$
\begin{array}{r|l}
405564 & 8826 \\
\hline
52524 & 45^{\text{toises}}\ 5^{\text{pieds}}\ 8^{\text{pouces}}\ 5^{\text{lignes}}\ \frac{6270}{8826} \\
8394 & \\
6 & \\
\hline
50364 & \\
6234 & \\
12 & \\
\hline
12468 & \\
6234 & \\
\hline
74808 & \\
4200 & \\
12 & \\
\hline
8400 & \\
4200 & \\
\hline
50400 & \\
6270 & \\
\end{array}
$$

Après avoir obtenu les unités principales du quotient,
on convertit le reste 8394 toises en pieds, en multipliant
ce nombre par 6 ; on continue la division, et on place
le quotient au rang des pieds ; on multiplie par 12 le
reste 6234 de cette dernière opération ; on divise le
produit 74808 par le diviseur, et on obtient le nombre
de pouces à écrire au quotient : on multiplie encore
le reste 4200 par 12, pour le convertir en lignes ; la division du produit 50400 par le diviseur, donne le nombre de lignes à écrire au quotient ; et en s'arrêtant là,
on termine ce quotient par la fraction $\frac{6270}{8826}$, qu'on réduit
à sa plus simple expression. Le résultat final de l'opération est 45 toises 3 pieds 8 pouces 5 lignes $\frac{3135}{4413}$.

La forme de ce procédé demeurerait la même quand

les nombres proposés et leur quotient se rapporteraient à des unités de toute autre espèce.

154. Lorsque le quotient doit être de même espèce que le dividende, et que le diviseur est incomplexe, l'opération s'effectue comme celle du n° 144.

Par exemple, 27 onces d'un métal ont coûté 169 liv. 11 sous 3 deniers, on demande à combien revient l'once : voici l'opération ,

$$
\begin{array}{r|l}
169^{liv.} \ 11^{s} \quad 4^{d} & 27 \\
\phantom{169^{liv.}}7 & \overline{\ 6^{liv.} \ 5^{s} \quad 7^{d} \ \frac{7}{27}} \\
\phantom{169^{liv.}}20 & \\
\hline
\phantom{169^{liv.}}140 & \\
\phantom{169^{liv.}}11 & \\
\hline
\phantom{169^{liv.}}151 & \\
\phantom{169^{liv.}}16 & \\
\phantom{169^{liv.}}12 & \\
\hline
\phantom{169^{liv.}}32 & \\
\phantom{169^{liv.}}16 & \\
\hline
\phantom{169^{liv.}}196 & \\
\phantom{169^{liv.}}7 & \\
\end{array}
$$

Lorsqu'on est parvenu aux 6 livres qui doivent entrer dans le quotient, on convertit le reste 7 en sous, et on y joint les 11 qui sont écrits dans le dividende ; puis on divise le résultat 151 par le diviseur 27, on a 5 sous au quotient : on multiplie le reste 16 par 12 pour le convertir en deniers, on y joint les 4 du dividende ; on divise le total 196 par le diviseur 27, ou a pour quotient 7 deniers , et la fraction $\frac{7}{27}$. Le résultat complet est donc 6 liv. 5 sous 7 deniers $\frac{7}{27}$.

155. Enfin, quand le dividende et le diviseur sont tous deux complexes, il faut convertir le dernier en frac-

tion, comme on l'a indiqué dans le n° 144; et alors la règle donnée pour les fractions dans le n° 73, conduit à multiplier (146) le dividende par le dénominateur du diviseur, et à diviser le produit qui peut être un nombre complexe, par le numérateur du diviseur, qui est nécessairement incomplexe. Voici un exemple :

36 toises 5 pieds 6 pouces 8 lignes d'ouvrage ayant été payées 1374 liv. 12 sous 4 deniers, en déduire le prix de la toise ?

Le diviseur converti dans les diverses subdivisions de son unité principale, produit 31904 lignes, et la toise contenant 864 lignes, on a $\frac{31904}{864}$ de toise pour la fraction qui le représente.

En multipliant d'abord le dividende 1374 liv. 12 sous 4 deniers par 864, d'après le procédé du n° 146, on trouve 1187668 liv. 16 sous, et l'on n'a plus qu'à diviser, comme dans le n° précédent, le nombre complexe 1187668 liv. 16 sous par le nombre incomplexe 31904, ce qui donne pour quotient 37 liv. 4 sous 6 deniers $\frac{318}{997}$.

156. Il est à propos de remarquer que le dénominateur de la fraction que l'on obtient d'abord pour représenter le diviseur, est le nombre de parties de la plus petite valeur, contenues dans l'unité principale, ensorte qu'on peut énoncer ainsi la règle précédente :

Pour diviser un nombre complexe par un autre nombre complexe, il faut convertir le diviseur en parties de la plus petite valeur, et multiplier le dividende par le nombre de parties de cette valeur contenues dans l'unité principale du diviseur.

Cette règle s'appliquerait au cas développé dans le n° 153, si le dividende ne renfermait aucune partie de moindre valeur que la dernière du diviseur ; car multiplier alors le dividende par le nombre des parties

de cette valeur contenues dans son unité principale,
c'est le convertir dans ces parties.

157. On ne doit pas négliger les abréviations que
peut offrir la conversion du diviseur en fraction, et la
réduction de celle-ci à sa plus simple expression ; il en
résulte souvent plus de facilité et de netteté dans les
calculs.

La pratique réitérée de ces opérations, suggère aussi
des procédés particuliers qui simplifient le calcul, et
que je ne saurais indiquer ici ; je me bornerai à montrer comment on convertit sur-le-champ les sous en
livres.

Comme il s'agit pour cela de diviser par 20 le nombre
de sous proposé, on le divise d'abord par 10, en séparant un chiffre sur sa droite, puis on prend la moitié
de ceux qui sont à gauche, ce qui divise par 2, et
donne par conséquent des livres. Lorsqu'il reste une
unité, elle représente une dixaine de sous, et il faut
la joindre au chiffre séparé sur la droite qui exprime
des sous

C'est ainsi que 3579 sous produisent 357,9, puis
178$^{liv.}$ 19^{s}.

158. La comparaison des procédés que je viens de
présenter successivement, est sûrement la meilleure
preuve qu'on puisse donner de l'avantage que procu-
reront les nouvelles mesures lorsqu'elles seront adop-
tées ; et quelqu'habitude qu'on ait du calcul des
nombres complexes, on ne pourrait s'empêcher de
sentir toute la commodité du calcul décimal, si l'on
ne continuait pas à se servir des anciennes mesures,
ce qui exige, pour chaque résultat, la conversion de
ces mesures dans les nouvelles ; opération toujours
longue, absolument étrangère au système métrique,
et qu'on s'obstine malgré cela à regarder comme in-
séparable de l'usage de ce système.

*De quelques moyens employés pour abréger les calculs
arithmétiques.*

159. Lorsque l'on doit multiplier l'un par l'autre deux
nombres très-considérables, il est commode de former
d'abord les produits du multiplicande par chacun des
chiffres du multiplicateur qui ne sont pas répétés. Soient
pour exemple les nombres 2937487541 et 67431456.
J'observe que le multiplicateur ne contient que les
chiffres 1, 3, 4, 5, 6, 7; en multipliant successivement le multiplicande par chacun de ces chiffres, je
forme la table

$$
\begin{array}{r|l}
1 & 2937487541 \\
2 & 5874975082 \\
3 & 8812462623 \\
4 & 11749950164 \\
5 & 14687437705 \\
6 & 17624925246 \\
7 & 20562412787 \\
\end{array}
$$

dans laquelle je prends les produits du multiplicande par
les chiffres 6, 5, 4, 1, 3, 4, 7 et 6 du multiplicateur,
pour les placer dans le rang qu'ils doivent occuper, ainsi
qu'on le voit ci-dessous, et je n'ai plus qu'une simple
addition à effectuer.

$$
\begin{array}{l}
17624925246 \\
14687437705.. \\
11749950164.. \\
2937487541... \\
8812462623.... \\
11749950164..... \\
20562412787...... \\
17624925246....... \\
\hline
198079061871489696
\end{array}
$$

En suivant ce procédé, on ne peut avoir au plus que 9 produits à former, et le reste de l'opération se réduit à une simple addition.

160. On ramène la division à de simples soustractions, en faisant d'abord le produit du diviseur par les 9 premiers nombres. En effet, si l'on avait 4539947812346 à diviser par 73809, et qu'on formât une table contenant les multiples du diviseur, savoir :

$$
\begin{array}{r|l}
1 & 73809 \\
2 & 147618 \\
3 & 221427 \\
4 & 295236 \\
5 & 369045 \\
6 & 442854 \\
7 & 516663 \\
8 & 590472 \\
9 & 664281
\end{array}
$$

on pourrait opérer comme il suit :

$$
\begin{array}{r|l}
4539947812346 & 73809 \\
\hline
442854\ldots\ldots & 61509406\ \frac{64772}{73809} \\
\hline
111407\ldots\ldots & \\
73809\ldots\ldots & \\
\hline
375938\ldots\ldots & \\
369045\ldots\ldots & \\
\hline
694312\ldots & \\
664281\ldots & \\
\hline
300313\ldots & \\
295236\ldots & \\
\hline
507746 & \\
442854 & \\
\hline
64892 &
\end{array}
$$

Chercher dans la table le multiple le plus approchant du nombre exprimé par les six premiers chiffres du dividende ; ce multiple répondant à 6 , donne 6 pour le premier chiffre du quotient ; en le retranchant du dividende partiel, abaissant un chiffre de plus , et cherchant quel est le multiple le plus approchant du noûveau dividende partiel , on trouve 1 pour le second chiffre du quotient. On poursuit ainsi l'opération jusqu'à la fin par des soustractions.

161. Quand on emploie les décimales pour arriver à un certain degré d'approximation, on peut abréger sensiblement la multiplication, en opérant comme on va le voir. Supposons qu'il s'agisse de connaître, à un millième d'unité près, le produit des nombres 45,6259573 et 28,63549.

On observera qu'il est inutile de faire entrer dans le produit total les chiffres qui , dans les produits partiels, représentent des décimales d'un ordre plus élevé que les 100000mes , parce que la somme des colonnes qui renferment les décimales ultérieures et les retenues qui en résultent, ne peuvent influer sur les millièmes : dès-lors on observera que pour avoir un produit composé de cent millièmes, en partant du chiffre situé sur la gauche du multiplicateur, qui exprime ici des dixaines , il suffit de commencer la multiplication au chiffre 7 des millionièmes du multiplicande. Les chiffres qui suivent celui des dixaines vers la droite , exprimant des unités de dix fois en dix fois plus petites, on ne commencera à leur égard la multiplication que sur les chiffres 5 , 9 , 5 , etc. qui suivent le chiffre 7 vers la gauche, parce que les cent millièmes 5 du multiplicande multipliés par les unités 8 du multiplicateur, donneront des cent millièmes , de même que les dix-millièmes du multiplicande par les dixièmes du multiplicateur, de même que les millièmes du multiplicande par les centièmes du multiplicateur, et ainsi de suite.

Pour ne pas se tromper dans le commencement de chaque multiplication partielle, on écrit sous le multiplicande les chiffres du multiplicateur dans un ordre inverse, en plaçant celui des dixaines du second, sous les cent millièmes du premier, comme on le voit ci-dessous.

$$
\begin{array}{r}
456259577 \\
9453682 \\
\hline
91251914 \\
36500760 \\
.2737554 \\
..136875 \\
...22810 \\
....1824 \\
.....405 \\
\hline
130652142
\end{array}
$$

De cette manière, chaque chiffre du multiplicateur se trouve placé sous le chiffre du multiplicande par lequel on doit commencer la multiplication ; ensorte qu'on néglige ceux qui sont à la droite, et on écrit tous les produits dans les mêmes colonnes, puisqu'ils commencent tous par des unités de même ordre.

En les réunissant, on trouve 1306,52142 ; effaçant les deux derniers chiffres, on a 1306,521 , résultat qui s'accorde jusqu'aux millièmes avec celui qu'on aurait obtenu par la multiplication effectuée à l'ordinaire, et qui serait 1306,521644004.

S'il arrivait que l'un des facteurs n'eût pas assez de chiffres pour établir la correspondance comme ci-dessus, on y suppléerait en mettant des zéros à la suite de ce facteur. Pour obtenir avec 2 décimales, par exemple, le produit des nombres 54,236 et 532,27, il faut les écrire ainsi :

$$54236000$$
$$72235$$

$$271180000$$
$$16270800$$
$$1084720$$
$$108472$$
$$37961$$

$$288681953$$

On trouve pour le produit demandé 28868,20, en ajoutant une unité au dernier chiffre, parce que les deux qu'on supprime surpassent la moitié de cette unité, c'est-à-dire 50.

C'est une règle générale, lorsqu'on néglige quelques décimales, d'augmenter toujours de l'unité la dernière que l'on conserve, lorsque celles qu'on supprime surpassent la moitié de l'unité du dernier rang qu'on laisse subsister. Pour en appercevoir la raison, il suffit d'observer que 34,546, par exemple, est plus près de 34,55 que de 34,54.

Le procédé de la division est susceptible d'une abréviation analogue; mais comme elle exige un plus grand nombre de précautions particulières pour être employée avec sûreté, je ne m'y arrêterai pas.

162. On a vu dans les n°s 57, 79, le parti qu'on peut tirer de la décomposition des nombres en facteurs, pour simplifier les calculs relatifs aux fractions; il est donc important de savoir opérer cette décomposition. L'exemple suivant montrera comment on y parvient.

Soit le nombre 360 : je le divise d'abord par 2, et j'ai pour quotient 180 ; je divise ce quotient par 2, et il vient 90, qui se divise encore par 2, et qui donne 45 : ainsi je vois déjà que 360 est égal à 2 par 2 par 2 par 45. Le nombre 45 n'étant plus divisible par 2, je le divise par 3, et j'ai 15, que je divise encore par 3, et qui donne 5, nombre premier qui ne peut être divisé que par lui-même ou par l'unité : j'ai donc 45 égal à 3 par 3, par 5, et par conséquent 360 égal à

2 par 2 par 2 par 3 par 3 par 5.

Ces six facteurs étant des nombres premiers, sont les *facteurs simples* du nombre 360. Il est visible que tout nombre qui n'est pas premier peut toujours ainsi se décomposer en un certain nombre de facteurs simples ou premiers.

A l'aide de ces facteurs, on forme tous les diviseurs du nombre proposé, en les disposant avec les quotiens qu'ils donnent, ainsi qu'on le voit dans les deux premières colonnes de la table ci-dessous.

$$
\begin{array}{c|c|l}
360 & 1 & 1 \\
180 & 2 & 2 \\
90 & 2 & 4 \\
45 & 2 & 8 \\
15 & 3 & 3,\ 6\ 12\ 24 \\
5 & 3 & 9\ 18\ 36\ 72 \\
1 & 5 & 5,\ 10\ 15\ 20\ 30\ 40\ 45\ 60\ 90\ 120\ 180\ 360.
\end{array}
$$

Maintenant on voit à la troisième ligne que le nombre proposé a été divisé deux fois de suite par 2 ; il est donc divisible par le produit 2 par 2 ou par 4, que l'on écrira à côté de 2, à la quatrième ligne : le dernier quotient ayant été de nouveau divisé par 2, le nombre proposé sera par conséquent divisible par 2 fois 4 ou par 8 ; on écrira donc 8 à côté de 2 sur cette ligne. Le quotient écrit à la cinquième ligne, ayant encore été divisé par 3, le nombre proposé sera évidemment divisible par les produits de 3 multiplié par chacun des diviseurs précédens ; on formera donc sur cette ligne les nouveaux diviseurs composés 6, 12, 24. Continuant ainsi de multiplier le facteur simple de chaque ligne par tous les diviseurs qui le précèdent, en observant de ne pas écrire deux fois le même, on aura tous les diviseurs du nombre proposé.

163. Lorsqu'on est conduit par le calcul à une fraction dont le numérateur et le dénominateur sont un peu grands, et n'ont cependant aucun facteur commun, on cherche des valeurs approchées de cette fraction, qui soient exprimées par des nombres plus simples, afin de pouvoir s'en former une idée.

Si l'on a, par exemple, le nombre fractionnaire $\frac{1103}{867}$, on en extrait d'abord les entiers, et il vient 1 et $\frac{236}{867}$.

Maintenant, pour se former une idée plus simple de la

fraction $\frac{216}{887}$, on cherche à la comparer à une partie de l'u-
nité, afin de n'avoir à envisager qu'un seul terme, et pour
cela on divise ses deux termes par 216 ; on trouve 1 pour
le quotient du numérateur, et $4\frac{23}{216}$ pour celui du dénominateur ; ce dernier quotient, qui se trouve compris par
conséquent entre 4 et 5, apprend ainsi que la frac-
tion $\frac{216}{887}$ est entre $\frac{1}{4}$ et $\frac{1}{5}$. En s'arrétant à ce point, on voit
que la seconde valeur approchée de l'expression $\frac{1103}{887}$ est
1 et $\frac{1}{4}$ ou $\frac{5}{4}$; mais que cette valeur est trop forte, car la
vraie valeur serait égale à 1 plus 1 divisé par 4 et $\frac{23}{216}$, ce
qui s'écrit ainsi : $1\dfrac{1}{4\frac{23}{216}}$.

Pour se former une idée exacte de l'expression $1\dfrac{1}{4\frac{23}{216}}$;
il faut la considérer comme indiquant le quotient de l'en-
tier 1, divisé par l'entier 4 accompagné de la fraction
$\frac{23}{216}$.

Si l'on divise les deux termes de $\frac{23}{216}$ par 23, le quotient
sera $\dfrac{1}{9\frac{9}{23}}$; négligeant les $\frac{9}{23}$ qui accompagnent l'entier 9,
il viendra $\frac{1}{9}$ seulement au lieu de $\frac{23}{216}$, et par conséquent
$1\dfrac{1}{4\frac{1}{9}}$ sera une troisième valeur approchée de $\frac{1103}{887}$, valeur qui sera trop faible, parce que 9 étant moindre
que le vrai quotient de 216 par 23, la fraction $\frac{1}{9}$ sera
plus grande que celle qui doit accompagner 4, et que par
conséquent le diviseur $4\frac{1}{9}$ sera plus grand que le diviseur
exact $4\frac{23}{216}$, et le quotient $\dfrac{1}{4\frac{1}{9}}$ plus petit que le véritable.

En réduisant l'entier 4 avec la fraction qui l'accompagne, et faisant la division suivant le procédé du
n° 74, il vient $\frac{1}{37}$, et on a 1 et $\frac{9}{37}$ ou $\frac{46}{37}$ pour la troisième
valeur approchée de $\frac{1103}{887}$.

L'expression exacte de cette valeur étant

$$1\dfrac{1}{4\dfrac{1}{9\frac{9}{23}}},$$

si

on divise les deux termes de $\frac{9}{23}$ par 9, on aura

$$1 + \cfrac{1}{4 + \cfrac{1}{9 + \cfrac{1}{2\frac{5}{9}}}};$$

négligeant la fraction $\frac{5}{9}$, il restera

$$1 + \cfrac{1}{4 + \cfrac{1}{9\frac{1}{2}}},$$

valeur trop forte; car la fraction $\frac{1}{2}$ étant plus grande que $\frac{1}{2\frac{5}{9}}$ dont elle tient la place, elle formera, en se joignant à 9, un dénominateur trop grand : la fraction à joindre à 4 sera alors trop petite, et le dernier dénominateur étant trop faible rendra la dernière fraction trop forte.

En réduisant d'abord $9\frac{1}{2}$ en fraction, il viendra $\frac{19}{2}$; $\frac{1}{9\frac{1}{2}}$ sera donc $\frac{2}{19}$, et la valeur approchée deviendra $1 + \cfrac{1}{4 + \frac{2}{19}}$: or $\frac{1}{4 + \frac{2}{19}}$ donne $\frac{19}{78}$; en y ajoutant l'unité, il vient $1\frac{19}{78}$, ou $\frac{97}{78}$ pour une quatrième valeur approchée de $\frac{1103}{887}$.

Reprenant l'expression

$$1 + \cfrac{1}{4 + \cfrac{1}{9 + \cfrac{1}{2\frac{5}{9}}}},$$

je divise les deux termes de la dernière fraction $\frac{5}{9}$ par 5, il vient $1\frac{4}{5}$ et

$$1 + \cfrac{1}{4 + \cfrac{1}{9 + \cfrac{1}{2 + \cfrac{1}{1\frac{4}{5}}}}};$$

et on verrait comme ci-dessus que cette valeur est plus faible que la valeur exacte.

En négligeant les $\frac{4}{5}$, l'avant-dernière fraction se réduit à

K.

146 TRAITÉ ÉLÉMENTAIRE,

$\frac{1}{2\,\frac{1}{1}}$ ou à $\frac{1}{3}$; puis la suivante $\frac{1}{9\,\frac{1}{3}}$ donnant $\frac{3}{28}$, celle d'après se change en $\frac{1}{4\,\frac{3}{28}}$, égale à $\frac{28}{115}$; ensorte que la 5ᵉ valeur approchée est $1\frac{28}{115}$ ou $\frac{143}{115}$.

Divisant enfin par 4 les deux termes de la fraction $\frac{4}{8}$ qui accompagne le chiffre 1 trouvé ci-dessus, et que j'ai d'abord négligée, j'obtiens pour quotient $\frac{1}{1\,\frac{1}{4}}$, en supprimant d'abord la fraction $\frac{1}{4}$, j'obtiens la nouvelle valeur

$$1\,\cfrac{1}{4\,\cfrac{1}{9\,\cfrac{1}{2\,\cfrac{1}{1\,\frac{1}{1}}}}}$$

valeur plus forte que la véritable.

Si on en réduit successivement tous les dénominateurs en fraction, pour obtenir la fraction simple qu'elle représente, on trouvera

$$1\,\frac{47}{193}\ \text{ou}\ \frac{240}{193}.$$

En restituant la fraction $\frac{1}{4}$ à côté du dernier dénominateur, on forme l'expression.

$$1\,\cfrac{1}{4\,\cfrac{1}{9\,\cfrac{1}{2\,\cfrac{1}{1\,\cfrac{1}{1\,\frac{1}{4}}}}}},$$

qui, étant réduite comme les précédentes, reproduit le nombre fractionnaire $\frac{1103}{889}$.

On opérerait de même sur toute autre fraction, et on en tirerait une suite de valeurs approchées alternativement plus grandes plus petites que sa véritable valeur, si c'est une fraction proprement dite, ou alternativement plus petites et plus grandes, si, comme dans l'exemple précédent, le numérateur surpasse le dénominateur.

Les développemens que nous venons de trouver pour l'expression $\frac{1103}{887}$, sont des *fractions continues*, que l'on peut en général définir ainsi ; *Des fractions dont le dénominateur est composé d'un entier plus une fraction, laquelle a encore pour dénominateur un entier plus une fraction*, et ainsi de suite. Cette espèce de fraction jouit de beaucoup de propriétés importantes, pour lesquelles nous renvoyons à l'Algèbre.

FIN.

CARACTÈRES USITÉS POUR DÉSIGNER LES ANCIENNES MESURES.

Pour les monnaies.

♯ livre tournois, ſ sou, ♌ denier.

Pour le temps.

j jour, ♄ heures, ′ minute, ″ seconde.

Pour les poids.

℔ livre, M marc, O ou ℥ once, G ou ℈ gros ou dragme, D ou ℈ denier scrupule, G grain.

Observations. Le denier ou scrupule vaut le $\frac{1}{3}$ du gros ou 24 grains.

Mesures de longueur.

ᵗ toise, ᵖⁱ pied, ᵖᵒ pouce, ˡ ligne, ᵖᵗ point.

Observations. Les distances se mesurent quelquefois en pas ordinaires estimés 2 ᵖⁱ $\frac{1}{2}$ et en pas géométriques ou brasses de 5 ᵖⁱ.

COMPARAISON *de quelques mesures et poids étrangers,
avec les mesures et poids de la République.*

MESURES LINÉAIRES.	Millim.	POIDS.	Gram.
Ancien pié francais	324,7	Liv. poids de marc	489,2
Pié anglais	304,7	Angl. { livre troy	372,6
Vare de Castille	836,6	Angl. { avoir du poise	453,1
Pié du Rhin	313,9	Castille	459,4
De Vienne	316,0	Cologne	467,4
D'Amsterdam	283,0	Vienne	558,6
De Suède	297,1	Amsterdam	491,4
De Russie	354,1	Suède	424,6
De la Chine	320,0	Russie	409,5

VALEUR *des Monnaies d'argent d'après* M. GERHARDT.

ANGLETERRE.

	f.	c.
Couronne [Crown] à 5 shellings	6	16
Shelling	1	23

AUTRICHE ET BOHÊME.

Speicies reichsthaler	5	27
Florin [Gulden] à 60 kreuzer	2	63
10 kreuzer	0	44

RÉPUBLIQUE BATAVE.

Florin	2	17
Shelling [Stuvers] à 6 deniers	0	65
Ducaton	6	88
Daler	5	48
Lœwendaler	4	59

DANEMARCK ET HOLSTEIN.

Species reichsthaler	5	69
Marc de Lubec, ou marc-lubs	1	90
Marc danois	0	95

ÉTAT ÉCCLÉSIASTIQUE.

Scudo	5	53
Testono	1	66

TABLE pour réduire un nombre quelconque de mesures *linéaires* anciennes, en mesures nouvelles, et réciproquement.

	Lieues terrestr. en kilomètres. *	Lieues marines en kilom. **	Toises en mètres.	Pieds en mètres.	Pouces en mètres.	Lignes en mètres.		Aunes de Paris en mètres. ***	Fractions d'aun.	en mètres.	Fractions d'aun.	en mètres.	Fractions d'aun.	en mètres.
1	4,4444	5,5556	1,94904	0,32484	0,027070	0,002256	1	1,18845	1/2	0,594	5/8	0,743	7/16	0,520
2	8,8889	11,1111	3,89807	0,64968	0,054140	0,004512	2	2,37689	1/3	0,396	7/8	1,040	9/16	0,669
3	13,3333	16,6667	5,84711	0,97452	0,081210	0,006768	3	3,56534	2/3	0,792	1/12	0,099	11/16	0,817
4	17,7778	22,2222	7,79615	1,29936	0,108280	0,009024	4	4,75378	1/4	0,297	5/12	0,495	13/16	0,966
5	22,2222	27,7778	9,74519	1,62420	0,135350	0,011280	5	5,94223	3/4	0,891	7/12	0,693	15/16	1,114
6	26,6667	33,3333	11,69422	1,94904	0,162419	0,013536	6	7,13068	1/6	0,198	11/12	1,089		
7	31,1111	38,8889	13,64326	2,27388	0,189489	0,015792	7	8,31912	5/6	0,990	1/16	0,074		
8	35,5556	44,4444	15,59230	2,59872	0,216559	0,018048	8	9,50757	1/8	0,149	3/16	0,223		
9	40,0000	50,0000	17,54133	2,92356	0,243629	0,020304	9	10,69601	3/8	0,446	5/16	0,371		
10	44,4444	55,5556	19,49037	3,24840	0,270699	0,022560	10	11,88446						

	Kilomètres en lieues terrestres.	Kilom. en lieues mar.	Mètres en toises.	Mètres en pieds.	Mètres en pouces.	Mètres en lignes.		Mètres en aunes de Par.
1	0,225	0,18	0,51307	3,07844	36,9413	443,296	1	0,84144
2	0,450	0,36	1,02615	6,15689	73,8827	886,592	2	1,68287
3	0,675	0,54	1,53922	9,23533	110,8240	1329,888	3	2,52431
4	0,900	0,72	2,05230	12,31378	147,7653	1773,184	4	3,36574
5	1,125	0,90	2,56537	15,39222	184,7067	2216,480	5	4,20718
6	1,350	1,08	3,07844	18,47066	221,6480	2659,775	6	5,04861
7	1,575	1,26	3,59152	21,54911	258,5893	3103,071	7	5,89005
8	1,800	1,44	4,10459	24,62755	295,5306	3546,367	8	6,73148
9	2,025	1,62	4,61767	27,70600	332,4720	3989,663	9	7,57292
10	2,250	1,80	5,13074	30,78444	369,4133	4432,959	10	8,41435

* La lieue de 25 au degré vaut 2280$^{tois.}$33, d'après le mètre définitif.

** La lieue marine de 20 au degré vaut 2850$^{tois.}$,41.

*** L'aune de Paris vaut 3 pieds 7 pouces 10 lignes $\frac{5}{6}$.

TABLE pour réduire un nombre quelconque de mesures *agraires* anciennes, en mesures nouvelles, et réciproquement?

N.	Toises quar. en mètres quarr.	Pieds quar. en mètres quarr.	Pouces quar. en mètres quarr.	Lignes quar. en mètres quarr.	N.	Lieues quarrées en myriamètres quarrés.	Lieues quarrées en myriares.	Arp. Eaux et For. en hec. ou perches quarrées en arcs.	Arp. de Paris en hectares ou perch. quarrées en arcs.
1	3,798744	0,105521	0,00073278	0,000005089	1	0,1975309	19,75309	0,510720	0,341887
2	7,597487	0,211041	0,00146556	0,000010178	2	0,3950617	39,50617	1,021440	0,683774
3	11,396231	0,316562	0,00219834	0,000015267	3	0,5925926	59,25926	1,532060	1,025661
4	15,194975	0,422083	0,00293112	0,000020356	4	0,7901234	79,01234	2,042880	1,367548
5	18,993718	0,527604	0,00366390	0,000025445	5	0,9876543	98,76543	2,553600	1,709435
6	22,792462	0,633124	0,00439668	0,000030534	6	1,1851852	118,51852	3,064320	2,051322
7	26,591205	0,738645	0,00512946	0,000035623	7	1,3827160	138,27160	3,575040	2,393209
8	30,389949	0,844166	0,00586224	0,000040712	8	1,5802469	158,02469	4,085760	2,735096
9	34,188693	0,949686	0,00659502	0,000045801	9	1,7777777	177,77777	4,596480	3,076983
10	37,987436	1,055207	0,00732780	0,000050890	10	1,9753086	197,53086	5,107200	3,418870

N.	Mètres quar. en toises quarr.	Mètres quar. en pieds quarrés.	Mètres quar. en pouces quarr.	Mètres quar. en lignes quarr.	N.	Myriamètres quarrés en lieues quarrées.	Myriares en lieues quarrées.	Hectaress en arp. Eaux et F. ou arcs en perches quarrées.	Hectares en arp. de Paris, ou arcs en perches quarrées.
1	0,263245	9,47682	1364,66	196511	1	5,0625	0,050625	1,958020	2,924943
2	0,526490	18,95363	2729,32	393023	2	10,1250	0,101250	3,916040	5,849886
3	0,789735	28,43045	4093,99	589534	3	15,1875	0,151875	5,874060	8,774829
4	1,052980	37,90726	5458,65	786045	4	20,2500	0,202500	7,832080	11,699772
5	1,316225	47,38408	6823,31	982557	5	25,3125	0,253125	9,790100	14,624715
6	1,579469	56,86090	8187,97	1179068	6	30,3750	0,303750	11,748120	17,549658
7	1,842714	66,33771	9552,63	1375579	7	35,4375	0,354375	13,706140	20,474601
8	2,105959	75,81453	10917,30	1572090	8	40,5000	0,405000	15,664160	23,399544
9	2,369204	85,29134	12281,96	1768602	9	45,5625	0,455625	17,622180	26,324487
10	2,632449	94,76816	13646,62	1965113	10	50,6250	0,506250	19,580200	29,249430

TABLE pour réduire un nombre quelconque de mesures *cubiques* anciennes, en mesures nouvelles, et réciproquement.

N.	Toises cubes en mètres cubes.	Pieds cubes en mètres cubes.	Pouces cubes en mètres cubes.	Lignes cubes en mètres cubes.	N.	Cordes de bois, Eaux et Forêts, en stères.	Solives (charpente) en stères ou mètres cubes.
1	7,40389	0,0342773	0,000019836	0,00000001148	1	3,8391	0,10283
2	14,80778	0,0685545	0,000039673	0,0000002296	2	7,6781	0,20566
3	22,21167	0,1028318	0,000059509	0,0000003444	3	11,5172	0,30850
4	29,61556	0,1371090	0,000079346	0,0000004592	4	15,3562	0,41133
5	37,01945	0,1713863	0,000099182	0,0000005740	5	19,1953	0,51416
6	44,42334	0,2056636	0,000119018	0,0000006888	6	23,0343	0,61699
7	51,82723	0,2399408	0,000138855	0,0000008036	7	26,8734	0,71982
8	59,23112	0,2742181	0,000158691	0,0000009184	8	30,7124	0,82265
9	66,63501	0,3084953	0,000178528	0,0000010332	9	34,5515	0,92549
10	74,03890	0,3427726	0,000198364	0,0000011480	10	38,3905	1,02832

N.	Mètres cubes en toise cubes.	Mètres cubes en pieds cubes.	Mètres cubes en pouces cubes.	Mètre scubes en lignes cubes.	N.	Stères en cordes de bois (Eaux et Forêts).	Mètres cubes en solives.
1	0,135064	29,1739	50412,42	87112655	1	0,26048	9,7246
2	0,270128	58,3477	100824,83	174225310	2	0,52096	19,4492
3	0,405192	87,5216	151237,25	261337965	3	0,78144	29,1739
4	0,542057	116,6954	201649,66	348450619	4	1,04192	38,8985
5	0,675321	145,8693	252062,08	435563274	5	1,30241	48,6231
6	0,810385	175,0431	302474,50	522675929	6	1,56289	58,3477
7	0,945449	204,2170	352886,91	609788584	7	1,82337	68,0923
8	1,080513	233,3908	403299,33	696901239	8	2,08385	77,7970
9	1,215577	262,5647	453711,74	784013894	9	2,34433	87,5216
10	1,350641	291,7385	504124,16	871126549	10	2,60481	97,2462

TABLE pour réduire un nombre quelconque de mesures de *capacité* anciennes, en mesures nouvelles, et réciproquement.

N.	Pintes de Paris en litres.	Muids de vin de Paris en hectolitr.	Septiers de bled de Par. en hectolitr.	Boisseaux en litres.	Litrons en litres.
1	0,9313	2,6822	1,5610	13,908	0,8130
2	1,8626	5,3644	3,1220	26,017	1,6260
3	2,7940	8,0466	4,6830	39,025	2,4391
4	3,7253	10,7288	6,2440	52,033	3,2521
5	4,6565	13,4110	7,8050	65,042	4,0651
6	5,5879	16,0932	9,3660	78,050	4,8781
7	6,5192	18,7754	10,9270	91,058	5,6911
8	7,4505	21,4576	12,4880	104,066	6,5042
9	8,3819	24,1398	14,0490	117,075	7,3172
10	9,3132	26,8220	15,6100	130,083	8,1302

N.	Litres en pint. de Par.	Hectolit. en muids de vin de Paris.	Hectolit. en sept. de bled de Paris.	Litres en boisseaux.	Litres en litrons.
1	1,0737	0,3728	0,6406	0,07687	1,2300
2	2,1475	0,7457	1,2812	0,15375	2,4600
3	3,2212	1,1185	1,9219	0,23062	3,6900
4	4,2950	1,4913	2,5625	0,30750	4,9199
5	5,3687	1,8642	3,2031	0,38437	6,1499
6	6,4424	2,2370	3,8437	0,46124	7,3799
7	7,5162	2,6098	4,4843	0,53812	8,6099
8	8,5899	2,9826	5,1250	0,61499	9,8399
9	9,6637	3,3555	5,7656	0,69187	11,0699
10	10,7374	3,7283	6,4062	0,76874	12,2998

TABLE pour réduire un nombre quelconque de *poids* anciens en poids nouveaux, et réciproquement.

N.	Livres en kilogramm.	Onces en kilogramm.	Gros en kilogramm.	Grains en kilogramm.	Quintaux en myriagram.
1	0,48951	0,03059	0,003824	0,0000531	4,8951
2	0,97901	0,06119	0,007648	0,0001062	9,7901
3	1,46852	0,09178	0,011472	0,0001593	14,6852
4	1,95802	0,12238	0,015296	0,0002124	19,5802
5	2,44753	0,15297	0,019120	0,0002655	24,4753
6	2,93704	0,18356	0,022944	0,0003186	29,3704
7	3,42654	0,21416	0,026768	0,0003717	34,2654
8	3,91605	0,24475	0,030592	0,0004248	39,1605
9	4,40555	0,27535	0,034416	0,0004779	44,0555
10	4,89506	0,30594	0,038240	0,0005310	48,9506

N.	Kilogramm. en livres.	Kilogramm. en onces.	Kilogramm. en gros.	Kilogramm. en grains.	Myriagram. en quintaux.
1	2,04288	32,686	261,49	18827,15	0,20429
2	4,08575	65,372	522,98	37654,30	0,40858
3	6,12863	98,058	784,46	56481,45	0,61286
4	8,17150	130,744	1045,95	75308,60	0,81715
5	10,21438	163,430	1307,44	94135,75	1,02144
6	12,25726	196,116	1568,93	112962,90	1,22573
7	14,30013	228,802	1830,42	131790,05	1,43001
8	16,34301	261,488	2091,90	150617,20	1,63430
9	18,38588	294,174	2353,39	169444,35	1,83859
10	20,42876	326,860	2614,88	188271,50	2,04288

	fl.	c.
Papeto	1	11
Paolo	0	55

ESPAGNE.

Piastre, depuis 1772	5	44
Pesetas à 4 réaux	1	15
Real nuevo à 2 réaux	0	58
Real de Vellon	0	29

HAMBOURG.

Marc banco	1	90
Marc courant	1	55

L'Ecu vaut 3 marcs.

RÉPUBLIQUE HELVÉTIQUE.

Ecu de Bâle à 30 batzen	4	44
Florin de Bâle à 15 batzen	2	22
Franc de Berne à 10 batzen	1	52
Ecu de Zuric à 2 florins	4	78
Florin de Zuric à 40 shellings	2	39

NAPLES.

Scudo à 120 grani, depuis 1784	5	12
Ducato à 100 grani, depuis 1784	4	27
Taro	0	85
Carlino	0	43

PARME.

Ducato, depuis 1784	5	25

PORTUGAL.

Crusado à 480 rees	2	93
Mille rees	6	00

PRUSSE.

Reichsthaler à 24 groschen	3	76
Groschen	0	15

RAGUSE.

Vislins ou ragusine	3	52

RUSSIE.

f. c.

Rouble à 100 kopeck, depuis 1762............... 4 o5

SARDAIGNE.

Scudo à 2 lire $\frac{1}{2}$.............................. 4 76
Lira 1 90

SAVOIE ET PIÉMONT.

Scudo à 6 lire, depuis 1755................... 7 17
Lira 1 20

SAXE.

Species reichsthaler........................... 5 27
Reichsthaler à 24 groschen..................... 3 95
Gulden [Florin].............................. 2 63
Groschen....................................... o 16

SICILE.

Onzia à 3o tari, depuis 1785.................. 12 80
Scudo à 12 tari............................... 5 12

SUÈDE.

Species daler à 48 shellings, depuis 1777........... 5 79
Pièce de 10 oers.............................. o 70

TOSCANE.

Francesconi ou leopoldini à 10 paoli........... 5 53
Testono à 3 paoli............................. 1 66
Paolo.. o 55
Lira .... o 83
Tallari à 9 paoli............................. 5 o8

TURQUIE.

Juspara à 2 $\frac{1}{2}$ piastres...................... 5 o2
Piastre à 4o paras............................ 2 o1
Para... o o5

VENISE.

Ducato à 8 lire............................... 4 24
Scudo della croze à 12,4 lire 6 56

Giustina ou ducatone à 11 lire...................... 5f. 82c.
Talero à 10 lire................................. 5   29
Osella à 3,9 lire................................ 2   06
Lira... 0   53

ASIE ET INDES ORIENTALES.

Itaganne ou tigogin à 62 mas (à Japan)........... 16 62
Nantiogin à 7 mas $\frac{1}{2}$........(*idem*)........... 2   24
Kodama....................(*idem*)............. 1   75
Larin, en Arabie................................ 0   98
Mamoedi, en Perse............................. 0   82

Roupie { d'Arcate 2   44
{ de Bombay, Madras, Perse........... 2   47
{ de Pondichery..................... 2   49
{ de Haidernac, *minimum* 2   37
{ de Bengale [Sicca], *maximum*........ 2   57

ÉTATS-UNIS D'AMÉRIQUE.

Le dollar...................................... 5   57
La livre sterling, de Sud Caroline et Géorgie...... 24 00
La livre de Newhamshire, Massachusets, Rode-Island,
  Connecticut, Virginie........................ 19 07
La livre de Pensylvanie, New-Jersey, Delaware,
  Maryland.................................. 14 80
La livre de New-York, Northcarolina............. 13 82

Tables des changes avec les places les plus importantes.

Amsterdam... 57 deniers de gros dont 40 font un florin,
  pour 3 livres de France.
Hambourg.... 180 livres de France pour 100 marcs-lubs,
  banco.
Londres...... 32 deniers sterling pour 3 livres.
Madrid....... 14 livres pour une pistole de change de 32
  réaux.
Gênes........ 115 sous de France pour une piastre fuori
  banco.
Livourne..... 100 sous pour une piastre de 8 réaux.

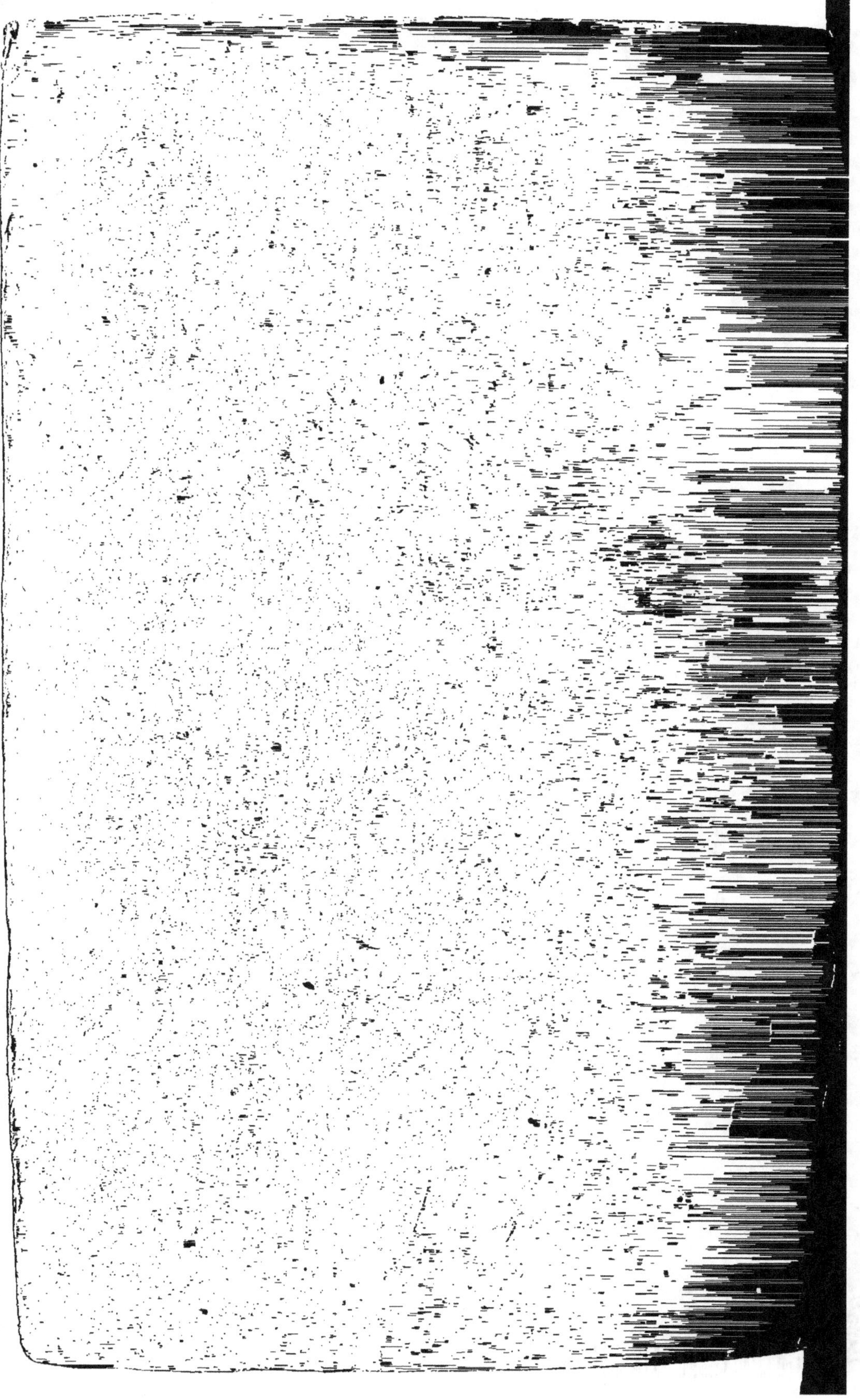

www.ingramcontent.com/pod-product-compliance
Lightning Source LLC
LaVergne TN
LVHW020529060726
842525LV00004B/1120